国家中等职业教育改革发展示范校建设系列教材

机械识图

主　编　闫　磊　赵　瑞　史春梅
副主编　杨晓熹　李观宇　乔学良　王宝山
主　审　王永平

中国水利水电出版社
www.waterpub.com.cn

内 容 提 要

  本书是"国家中等职业教育改革发展示范校建设计划项目"中央财政支持重点建设数控技术应用专业课程改革系列教材之一。本书按照机械识图的课程特点，结合数控加工岗位要求所应具备的基本知识和基本技能，将教学内容分为：运用工具绘制简单平面图形，正确识读并绘制基本体，识读及绘制轴测图，识读与绘制组合体，常见结构的尺寸标注，典型零件图的识读，装配图的识读等七个项目。同时，本书考虑了生产一线的实际应用，在内容编排上尽量做到与生产实践接轨，由浅入深、循序渐进地使读者掌握机械识图知识。

  本书既可作为中等职业学校"数控技术应用"专业的正式教材，也可作为数控加工行业的岗位技术培训教材，同时也可供机械加工行业企业有关技术人员和管理人员自学与参考。

图书在版编目（CIP）数据

机械识图 / 闫磊，赵瑞，史春梅主编. -- 北京：
中国水利水电出版社，2014.5(2024.7重印).
  国家中等职业教育改革发展示范校建设系列教材
  ISBN 978-7-5170-2049-3

  Ⅰ. ①机… Ⅱ. ①闫… ②赵… ③史… Ⅲ. ①机械图
—识别—中等专业学校—教材 Ⅳ. ①TH126.1

  中国版本图书馆CIP数据核字(2014)第104767号

书　　名	国家中等职业教育改革发展示范校建设系列教材 **机械识图**
作　　者	主编　闫 磊　赵 瑞　史春梅 副主编　杨晓熹　李观宇　乔学良　王宝山 主审　王永平
出版发行	中国水利水电出版社 （北京市海淀区玉渊潭南路 1 号 D 座　100038） 网址：www. waterpub. com. cn E - mail：sales@mwr. gov. cn 电话：（010）68545888（营销中心）
经　　售	北京科水图书销售有限公司 电话：（010）68545874、63202643 全国各地新华书店和相关出版物销售网点
排　　版	中国水利水电出版社微机排版中心
印　　刷	北京印匠彩色印刷有限公司
规　　格	184mm×260mm　16 开本　12.5 印张　296 千字
版　　次	2014 年 5 月第 1 版　2024 年 7 月第 3 次印刷
印　　数	4001—5000 册
定　　价	**45.00 元**

黑龙江省水利水电学校教材编审委员会

本书编审人员

主　编：闫　磊（黑龙江省水利水电学校）

　　　　赵　瑞（黑龙江省水利水电学校）

　　　　史春梅（黑龙江省水利水电学校）

副主编：杨晓熹（黑龙江省水利水电学校）

　　　　李观宇（黑龙江省水利水电学校）

　　　　乔学良（黑龙江省水利水电学校）

　　　　王宝山（黑龙江省水利水电学校）

主　审：王永平（黑龙江省水利水电学校）

前　言

　　教材事关国家和民族的前途命运，教材建设必须坚持正确的政治方向和价值导向。本书坚持党的二十大精神，全面贯彻党的教育方针，落实立德树人根本任务，为党育人，为国育才，弘扬劳动光荣、技能宝贵、创造伟大的时代风尚。

　　本书根据现代职业教育的理念，培养具有高素质的技能型人才的目标要求，结合生产实践需要，考虑中职学生的年龄结构和知识水平，将知识的实践应用贯穿于技能培养的始终，以能力培养为核心，同时注重知识的系统性和适用性，在教材内容的安排上采取由浅入深、由点到面、由单一到综合的认知顺序，使学生能够掌握生产实践所需的机械识图知识，达到"简单易学、实用够用"的目的。

　　本书密切结合毕业生从岗的多样性和转岗的灵活性，既体现本专业所要求具备的基本知识和基本技能的训练，又考虑到学生知识的拓展及未来的可持续发展，将机械领域经常涉及的轴类零件、盘类零件、箱体类零件及装配图有机结合和安排，注重与生产实际相结合，力求与企业进行无缝对接。通过对本书的学习，使学生掌握机械识图的基本知识和机械制图的基本技能，能够独立完成读图、绘图等工作任务，具备进入工厂一线工作的能力。

　　本书是国家中等职业教育改革发展示范校建设的成果之一。为了保证本书的编写质量，学校成立了编审委员会，主要负责校教材开发和实施的领导工作，并明确责任到编写小组。编写小组则采取分工合作的方式，制订出详细的编写方案，并做好需求分析、资源分析及教材的编写等工作。经过大家的努力，本书即将付梓出版，在此对所有在本书编写过程中给予支持与帮助的同志，表示由衷的感谢。

　　由于编者的水平、经验及编写时间有限，书中欠妥之处，恳请专家和读者批评指正。

编　者
于黑龙江水利水电学校
2024 年 2 月

目录

项目一 运用工具绘制简单平面图形

学习引导

　　机械零件的轮廓形状虽然各不相同，但分析起来，都是由直线、圆弧和其他一些非圆曲线组成的几何图形。熟练掌握简单图形作图是绘制图样必备的基本技能之一。

任务一 试着将一条线段等分，再绘制一个正五边形和一个正六边形

任务描述

　　做等分线段，用等分圆周法做正多边形，要求符合制图国家标准的有关规定。

一、等分线段

　　用平行线法将图 1-1 的已知线段 AB 分成五等分。

A ○————————————○ B

图 1-1

作图区：

二、绘制正五边形

　　绘制如图 1-2 所示直径为 D 的正五边形。

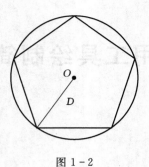

图 1-2

作图区：

三、绘制正六边形

绘制如图 1-3 所示的直径为 D 的正六边形。

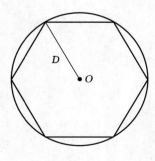

图 1-3

作图区：

任务提示

一、等分线段

用平行线法将已知线段 AB 分成五等分的作图方法，如图 $1-4$ 所示，过端点 A 任作一射线 AC，用分规以任意相等的距离在 AC 上量得 1、2、3、4、5 各个等分点。连接等分点 5、B 和线段相应末端，过其他的等分点作连接线的平分线，与 AB 相交即得等分点 $1'$、$2'$、$3'$、$4'$。

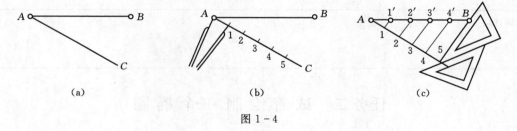

图 $1-4$

二、绘制正五边形

作图步骤如图 $1-5$ 所示。

（1）平分 OB 得其中点 P。

（2）在 AB 上取 $PH=PC$，得点 H。

（3）以 CH 为边长等分圆周，得 E、F、G、L 等分点，依次连接即得正五边形。

三、绘制正六边形

作图步骤如图 $1-6$ 所示。

用圆的半径六等分圆周，得到六个点，然后用丁字尺、三角板配作圆的内接六边形，如图 $1-6$ 所示。

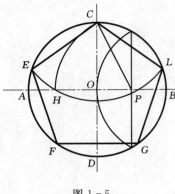
图 1-5

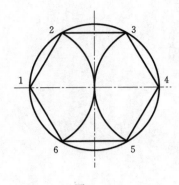
图 1-6

项目任务自我评价

你对自己完成任务的总体评价并说明理由	□ 很满意	□ 满意	□ 不满意
你对自己完成任务情况的评价： 作图方法：　　　□ 低于标准 作图速度：　　　□ 低于标准 作图质量：　　　□ 低于标准	□ 达到标准 □ 达到标准 □ 达到标准	□ 高于标准 □ 高于标准 □ 高于标准	
你成功地完成了任务吗？如何证明？如果不成功，原因是什么？			
教师评语			

任务二 试着绘制一个椭圆

任务描述

　　绘制一个与图 1-7 一样的椭圆的平面图形，要求符合制图国家标准的有关规定。

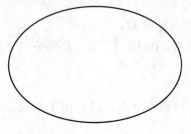

图 1-7

作图区:

任务提示

　　椭圆的作图步骤如图 1-8 所示,作正交的中心线,并分别量取长轴 AB、短轴 CD,连 AC,截 CF＝OA－OC,再作 AF 的垂直平分线,交 AB 于 H,交 CD 于 G,然后取相应的对称点 J、K,则 H、G、J、K 为四段圆弧的圆心,如图 1-8 所示,分别以 H、G、J、K 为圆心,以 HA、GC、JB、KD 为半径,依次作四段相连的圆弧,即得到一个椭圆。

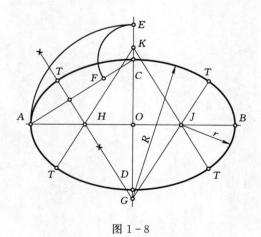

图 1-8

项 目 任 务 自 我 评 价

你对自己完成任务的总体评价并说明理由	□ 很满意	□ 满意	□ 不满意
你对自己完成任务情况的评价： 作图方法： □ 低于标准 □ 达到标准 □ 高于标准 作图速度： □ 低于标准 □ 达到标准 □ 高于标准 作图质量： □ 低于标准 □ 达到标准 □ 高于标准			
你成功地完成了任务吗？如何证明？如果不成功，原因是什么？ 			
教师评语 			

任务三　试着绘制一个斜度与一个锥度

任务描述

（1）绘制斜度 1 : 5 的斜度线。

（2）绘制锥度 1 : 2 的锥度线，要求符合制图国家标准的有关规定。

作图区：

任务提示

1. 斜度的作图方法

如图 1-9 所示，由已知尺寸作出无斜度的轮廓线，将 BC 线段五等分，作 BC 垂直线 AC，在 AC 上取 BC 的一等分的长度得 A 点；连接 AB 即为 1∶5 的斜度线。

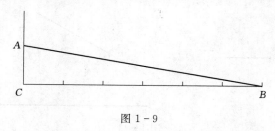

图 1-9

2. 锥度的作图方法

如图 1-10 所示，作线段 AB，将 AB 四等分，过 B 点做 AB 的垂线 DC，取 BC 与 BD 分别等于 $\frac{1}{4}AB$，连接 AC、AD，即为 1∶2 的锥度线。

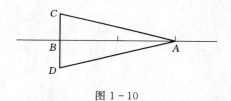

图 1-10

项目任务自我评价

你对自己完成任务的总体评价并说明理由	☐ 很满意	☐ 满意	☐ 不满意
你对自己完成任务情况的评价： 作图方法：　☐ 低于标准　　　☐ 达到标准　　　☐ 高于标准 作图速度：　☐ 低于标准　　　☐ 达到标准　　　☐ 高于标准 作图质量：　☐ 低于标准　　　☐ 达到标准　　　☐ 高于标准			
你成功地完成了任务吗？如何证明？如果不成功，原因是什么？ 			
教师评语 			

任务四 试着用已知半径的圆弧来连接两条直线

如图 1-11 所示,试着用已知半径 R 的圆弧来连接两条直线。

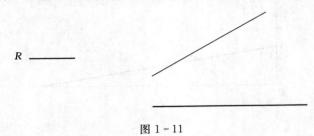

图 1-11

作图区:

任务提示

作图步骤如图 1-12 所示。

分别作已知直线的平行线,距离为 R,相交于 C 点;以 C 点为圆心 R 为半径作圆弧,分别与两直线相切与 T 点。

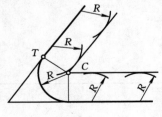

圆弧连接锐角两边

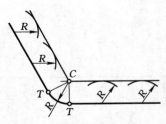

圆弧连接钝角两边

图 1-12

项 目 任 务 自 我 评 价

你对自己完成任务的总体评价并说明理由	□ 很满意	□ 满意	□ 不满意

你对自己完成任务情况的评价：

作图方法：　　　　　□ 低于标准　　　　　□ 达到标准　　　　　□ 高于标准

作图速度：　　　　　□ 低于标准　　　　　□ 达到标准　　　　　□ 高于标准

作图质量：　　　　　□ 低于标准　　　　　□ 达到标准　　　　　□ 高于标准

你成功地完成了任务吗？如何证明？如果不成功，原因是什么？

教师评语

任务五　试着用已知的半径作圆弧与两已知圆弧相外切

如图 1-13 所示，试着用已知的半径 R 作圆弧与两已知圆弧相外切。

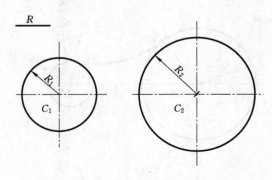

图 1-13

作图区：

任务提示

作图步骤如图 1-14 所示。

（1）分别以（$R+R_2$）及（$R+R_1$）为半径，O_1 和 O_2 为圆心，画弧交于 O_3。

（2）连接 O_3O_1 交圆弧于 C_1 点，交 O_2 圆于 C_2 点，C_1 与 C_2 即为切点。

（3）以 O_3 为圆心，R 为半径画弧，连接圆 O_1、圆 O_2 于 C_1、C_2 即完成作图。

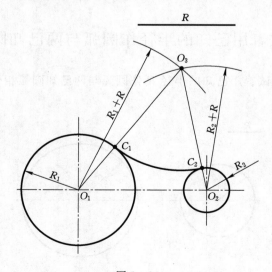

图 1-14

项 目 任 务 自 我 评 价

你对自己完成任务的总体评价并说明理由	□ 很满意	□ 满意	□ 不满意
你对自己完成任务情况的评价： 作图方法：　　　　□ 低于标准 作图速度：　　　　□ 低于标准 作图质量：　　　　□ 低于标准	□ 达到标准 □ 达到标准 □ 达到标准	□ 高于标准 □ 高于标准 □ 高于标准	
你成功地完成了任务吗？如何证明？如果不成功，原因是什么？			
教师评语			

任务六　试着用已知半径作圆弧，与两已知圆相内切

如图 1-15 所示，试着用已知半径 R 作圆弧，与两已知圆相内切。

作图区：

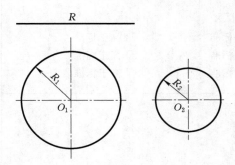

图 1-15

任务提示

作图步骤如图 1-16 所示。

（1）分别以（$R-R_1$）及（$R-R_2$）为半径，O_1、O_2 为圆心，画弧交于 O_3。

（2）连接 O_3O_1、O_3O_2 并延长分别交圆 O_1、圆 O_2 于 C_1、C_2 两点，C_1、C_2 即为切点。

（3）以 O_3 为圆心，R 为半径画弧，连接圆 O_1、O_2 于 C_1、C_2，即完成作图。

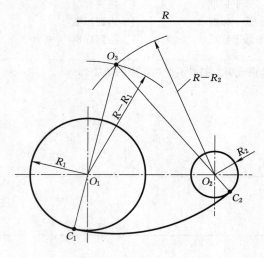

图 1-16

项 目 任 务 自 我 评 价

你对自己完成任务的总体评价并说明理由	□ 很满意	□ 满意	□ 不满意
你对自己完成任务情况的评价： 作图方法：　　　　□ 低于标准　　　　□ 达到标准　　　　□ 高于标准 作图速度：　　　　□ 低于标准　　　　□ 达到标准　　　　□ 高于标准 作图质量：　　　　□ 低于标准　　　　□ 达到标准　　　　□ 高于标准			
你成功地完成了任务吗？如何证明？如果不成功，原因是什么？			
教师评语			

任务七　试着用已知半径作连接弧，与左面的
已知圆内切，与右面的已知圆外切

如图 1-17 所示，试着用已知半径 R 作连接弧，与左面的已知圆内切，与右面的已知圆外切。

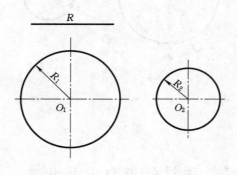

图 1-17

作图区：

任务提示

作图步骤如图 1-18 所示。

(1) 分别以 $(R-R_1)$ 及 $(R+R_2)$ 为半径，O_1、O_2 为圆心，画弧交于 O。

(2) 连接 OO_1 交圆 O_2 于 T_1，连接 OO_2 并延长交圆 O_2 于 T_2，T_1、T_2 即为切点。

(3) 以 O 为圆心，R 为半径画弧，连接圆 O_1 与圆 O_2 于 T_1、T_2，即完成作图。

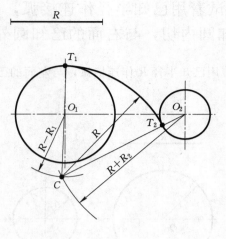

图 1-18

项目任务自我评价

你对自己完成任务的总体评价并说明理由	□ 很满意	□ 满意	□ 不满意
你对自己完成任务情况的评价： 作图方法：　　　　□ 低于标准 作图速度：　　　　□ 低于标准 作图质量：　　　　□ 低于标准	□ 达到标准 □ 达到标准 □ 达到标准	□ 高于标准 □ 高于标准 □ 高于标准	
你成功地完成了任务吗？如何证明？如果不成功，原因是什么？			
教师评语			

任务八　试着用给出的半径作圆弧连接已知圆弧与直线

如图 1-19 所示，试着用给出的半径 R 作圆弧，连接已知圆弧与直线。

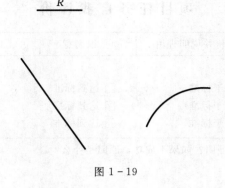

图 1-19

作图区：

任务提示

作图步骤如图 1-20 所示。

（1）作一条直线平行于直线 AB（其间距离为 R），以 O_1 为圆心，R_1+R 为半径作圆弧与直线相交于 O。

（2）作 OK_1 垂直于直线 AB，连接 OO_1 交圆 O_1 于 K_2，K_1、K_2 即为切点。

（3）以 O 为圆心，R 为半径画弧，连接直线 AB 和圆弧 O_1 于 K_1、K_2 即完成作图。

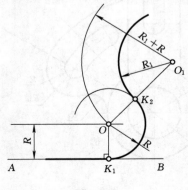

图 1-20

项 目 任 务 自 我 评 价

你对自己完成任务的总体评价并说明理由	□ 很满意	□ 满意	□ 不满意
你对自己完成任务情况的评价： 作图方法：　　　　　□ 低于标准 作图速度：　　　　　□ 低于标准 作图质量：　　　　　□ 低于标准	□ 达到标准 □ 达到标准 □ 达到标准	□ 高于标准 □ 高于标准 □ 高于标准	
你成功地完成了任务吗？如何证明？如果不成功，原因是什么？			
教师评语			

任务九　试着运用前面的作图方法绘制一个如同图示的图形

任务描述

　　灵活运用圆弧连接的画法绘制一个与图 1 - 21 一样的图形，要求符合制图国家标准的有关规定，无任务提示。

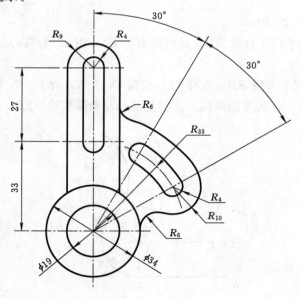

图 1 - 21

作图区：

项 目 任 务 自 我 评 价

你对自己完成任务的总体评价并说明理由	□ 很满意	□ 满意	□ 不满意
你对自己完成任务情况的评价： 作图方法：　□ 低于标准　　　　□ 达到标准　　　　□ 高于标准 作图速度：　□ 低于标准　　　　□ 达到标准　　　　□ 高于标准 作图质量：　□ 低于标准　　　　□ 达到标准　　　　□ 高于标准			
你成功地完成了任务吗？如何证明？如果不成功，原因是什么？			
教师评语			

相 关 基 础 知 识

一、作图工具

1. 铅笔（图1-22）

（1）铅笔的代号。铅笔的代号 H、B、HB 表示铅芯的软硬程度。B 前面数字越大，表示铅芯越软，绘出的图线颜色越深；H 前面的数字越大，表示铅芯越硬，绘出的图线颜色越浅；HB 表示铅芯中等软硬程度。

图 1-22

（2）不同代号铅笔的用法。画粗实线常用 B 或 2B 铅笔；画细实线、细虚线、细点画线和写字时，常用 H 或 HB 铅笔；画底稿时常用 H 或 2H 铅笔。

（3）铅笔的削法。如图 1-23 所示。

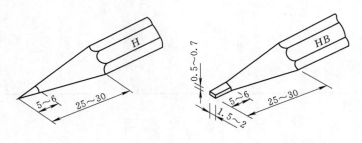

图 1-23

2. 图板及丁字尺

（1）图板。图板（图 1-24）用于铺放图纸，表面平整光洁，左侧工作边应平直。

（2）丁字尺。丁字尺（图 1-25）由尺头和尺身组成。尺身的工作边一侧有刻度，便于画线时度量。使用时，将尺头内侧贴紧图板的左侧工作边上下移动，沿尺身上边可画出一系列水平线。

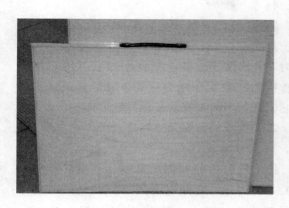

图 1 - 24

图 1 - 25

3. 三角板

三角板（图 1 - 26），有 45°和 30°、(60°) 的各一块，组成一副。三角板和丁字尺配合使用，可画出垂直线（自下而上画出）和与水平方向成 15°整倍数的斜线。两块三角板配合使用，可画出已知直线的平行线或垂直线。

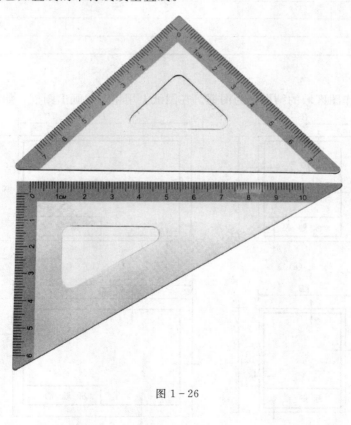

图 1 - 26

图 1-27

4. 圆规

圆规（图 1-27）是画圆及圆弧的工具。使用前应先调整好针脚，使针尖稍长于铅芯。画图时，先将两腿分开至所需的半径尺寸，借左手食指把针尖放在圆心位置，应尽量使针尖和铅芯同时与图面垂直，按顺时针方向一次画完。

二、图纸的幅面尺寸标准

1. 图纸幅面

图纸幅面指的是图纸宽度与长度组成的图面。绘制技术图样时应优先采用 A0、A1、A2、A3、A4 五种规格尺寸。A1 是 A0 的一半，（以长边对折裁开），其余后一号是前一号幅面的一半，一张 A0 图纸可裁 $2\times n$ 张 n 号图纸。作图时图纸可以横放或竖放。具体尺寸见表 1-1。

表 1-1　　　　　　　　　　　　图　纸　幅　面　尺　寸

幅面代号		A0	A1	A2	A3	A4
尺寸 $B\times L$		841×1189	594×841	420×594	297×420	210×297
边框	a	25				
	c	10			5	
	e	20			10	

2. 图框格式

图纸上限定作图区域的结框称为图框。在图纸上用粗实线画出图框，如图 1-28 所示。

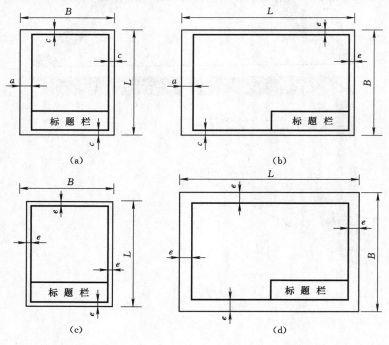

图 1-28

3. 标题栏

标题栏是由名称、代号区、签字区、更改区和其他区域组成的栏目。标题栏的基本要求、内容、尺寸和格式在 GB/T 10609.1—1989《技术制图 标题栏》中有详细规定。各单位亦有自己的格式。标题栏位于图纸右下角，底边与下图框线重合，右边与右图框线重合，如图 1-29 所示。

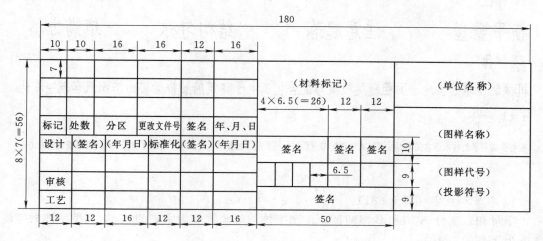

图 1-29

三、国家标准的注写形式

1. 注写形式

国家标准的注写形式由编号和名称两部分组成。

2. 案例

GB/T 14691—1993　技术制图　字体

GB/T 4457.4—2002　技术制图　图样画法　图线

GB："国标"二字的汉语拼音字头，是国家标准的简称；

T："推"字汉语拼音字头；

14691、4457.4：标准顺序代码；

1993、2002：标准发布的年号。

四、在图样和技术文件中书写汉字、数字和字母的基本要求

在图样上和技术文件中书写的汉字、数字和字母，要尽量做到"字迹工整、笔画清楚、间隔均匀、排列整齐"。

字体高度的公称尺寸系列为 1.8mm、2.5mm、3.5mm、7mm、10mm、14mm、20mm，如果要书写更大的字，其字体高度按 $\sqrt{2}$ 比率递增。字体的高度表示字体的号数。

1. 汉字

汉字应写成长仿宋体，并应采用国家正式公布的简化字，汉字的高度 h 不应小于 3.5mm，其字宽一般写为 $h/\sqrt{2}$。书写长仿宋体的要领是：横平竖直、注意起落、结构匀称、填满方格，具体字号大小如图 1-30 所示。

10号字体

字体工整　笔画清晰　间隔均匀　排列整齐

7号字体

横平竖直　　注意起落　　　结构匀称　　　填满方格

5号字体

机械制图螺纹齿轮表面粗糙度极限与配合化工电子建筑船舶桥梁矿山纺织汽车航空石油

3.5号字体

图样是工程界的技术语言国家标准《技术制图》与《机械制图》是工程技术人员必须严格遵守的基本规定并备查阅的能力

图 1-30

2. 字母和数字 （图 1-31）

字母和数字分 A 型和 B 型两种，A 型字体的笔画宽度为字高的 1/4，B 型字体的笔画宽度为字高的 1/10。

阿拉伯数字　0123456789

大写拉丁字母　ABCDEFGHIJKLMNO

PQRSTUVWXYZ

小写拉丁字母　abcdefghijklmnopq

rstuvwxyz

图 1-31

字母和数字可以写成斜体或直体，斜体字字头向右倾斜，与水平线成 75°。在同一张图样上，只允许选用一种形式的字体。

用作指数、分数、极限偏差、注脚等的数字及字母，一般应采用小一号的字体书写；字母、数字及其他符号混合书写的应用示例如图 1-32 所示。

五、作图比例

绘制图样时应尽量采用原值比例，优先选择表1-2第一系列中规定的比例，必要时允许选用第二系列中规定的比例。

表1-2   作 图 比 例

种类	比 例	
	第一系列	第二系列
原值比例	1:1	
缩小比例	1:2 1:5 1:10 $1:2\times10^n$ $1:5\times10^n$	1:1.5 1:2.5 1:3 1:4 1:6 $1:1.5\times10^n$ $1:2.5\times10^n$ $1:3\times10^n$ $1:4\times10^n$ $1:6\times10^n$
放大比例	2:1 5:1 $1\times10^n:1$ $2\times10^n:1$ $5\times10^n:1$	2.5:1 4:1 $2.5\times10^n:1$ $4\times10^n:1$

知识延伸

1. 长方体宋体字的字体规格

长方体宋体字的字体规格是根据字体的高度而定，常用的长仿宋体有六种规格：3.5mm，5mm，7mm，10mm，14mm，20mm。汉字的高度一般不小于3.5mm。字体的宽度为$h/\sqrt{2}$，即长仿宋体的宽与长之比约为2/3。

2. 图线的线型及应用

（GB/T 4457.4—2002）《图样画法 图线》规定了在机械图样中常用的9种图线，其代码、线型以及应用示例见表1-3。

表1-3   常用图线代码、线型及应用示例

序号	线 性	名称	一 般 应 用
1	————	细实线	过渡线、尺寸线、过渡界线、剖面线、指引线、螺纹牙底线、辅助线等
2	∿	波浪线	断裂处边界线、视图与剖视图的分界线
3	∿∿	双折线	断裂处边界线、视图与剖视图的分界线
4	━━━━	粗实线	可见轮廓线、相贯线、螺纹牙顶线
5	- - - -	细虚线	不可见轮廓线
6	▬ ▬ ▬ ▬	粗虚线	表面处理的表示线
7	—·—·—	细点划线	轴线、对称中心线、分度圆（线）、孔隙分布的中心线、剖切线等
8	▬·▬·▬	粗点划线	限定范围表示线
9	—··—··—	细双点划线	相邻辅助零件的轮廓线、可移动零件的轮廓线、成型前轮廓线等

图线分为粗线、中粗线、细线三类；画图时，根据图形的大小和复杂程度，图线宽度d可在0.13、0.18、0.25、0.35、0.5、0.7、1、1.4、2（mm）数系（该数系的公比为$1:\sqrt{2}$）中选取。粗线、中粗线、细线的宽度比率为4:2:1。由于图样复制中存在的困

难，应尽量避免采用 0.18mm 以下的图线宽度。

3. 图线的尺寸

在机械图样中，采用粗、细两种线宽，它们之间的比例为 2：1，例如粗线的宽度为 d 时，细线的宽度约为 $d/2$。粗线的宽度应根据图形的大小及复杂程度，在 0.5～2mm 选择，优先采用 0.5mm 和 0.7mm 的粗线宽度。

4. 图线画法注意事项

（1）同一图样中同类图线的宽度应基本一致。虚线、点划线的线段长度和间隔应各自大致相等。

（2）两条平行线（包括剖面线）之间的距离应不小于粗实线的两倍宽度，其最小距离不得小于 0.7mm。

（3）点划线和双点划线的首末两端，应是线段而不是短画。

（4）点划线应超出相应图形轮廓 2～5mm。

（5）绘制圆的对称中心线时，圆心应为线段的交点。在较小的图形上绘制点划线或双点划线有困难时，可以用细实线代替。

（6）当虚线与虚线或其他图形相交时，应以线段相交；当虚线是粗实线的延长线时，实线画到交点，在虚线处留有间隙。

（7）线型不同的图形相互重叠时，一般按实线、虚线、点划线顺序，只画出排序在前的图线。

六、尺寸标注基本规则

（1）图样上标注的尺寸数值就是机件实际大小的数值，它与图形的大小及画图的准确度无关。

（2）图样上的尺寸（包括技术要求和其他说明）以 mm（毫米）为计量单位时，不需标注计量单位或名称。若应用其他计量单位时，必须注明相应计量单位的代号或名称，例如，角度为 30 度 10 分 5 秒，则在图样上应注写成 "$30°10'5''$"。

（3）图样上标注的尺寸是机件的最后完工尺寸，否则要另加说明。

（4）机件的每个尺寸，一般只在反应该结构最清楚的图形上标注一次。

（一）尺寸的组成

图样上标注尺寸，一般由尺寸界线、尺寸线（包括终端形式）和尺寸数字三部分组成，如图 1-32 所示。

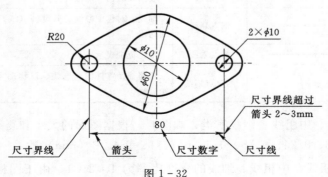

图 1-32

1. 尺寸界线

尺寸界线用来表示所标尺寸的范围，用细实线绘制，从图形中的轮廓线、轴线或对称中心线引出，并超过尺寸线末端 2～3mm，如图 1-33 所示。也可以直接用轮廓线、轴线或对称中心线代替尺寸界线。

尺寸界线一般与尺寸线垂直，必要时才允许倾斜，但两尺寸界线仍应相互平行；在光滑过渡处标注尺寸时，必须用细实线将轮廓线延长，从他们的交点处引出尺寸界线，如图 1-34 所示。

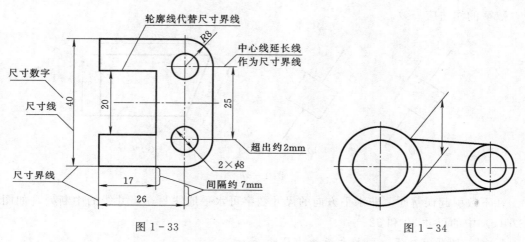

图 1-33   图 1-34

2. 尺寸线

尺寸线是用来表示所标尺寸的方向。尺寸线先用细实线绘制，必须单独画出，不能与其他图线重合或画在其他延长线上。标注线性尺寸时，尺寸线必须与所标注的线段平行，当有几条相互平行的尺寸线时，各尺寸线的间距要均匀，间隔为 7～10mm，应大尺寸在外，小尺寸在内，尽量避免尺寸线与尺寸界线交叉。在圆或圆弧上标注直径或半径时，尺寸线一般应通过圆心或是延长线通过圆心。

尺寸线的终端可以有箭头或 45°细斜线两种形式，如图 1-35 所示。箭头适应各种类型的图样，同一张图样只能采用一种尺寸线终端形式。一般机械图样的尺寸线终端画箭头，如图 1-35（a）所示；土建图样的尺寸线终端画 45°细斜线，如图 1-35（b）所示。

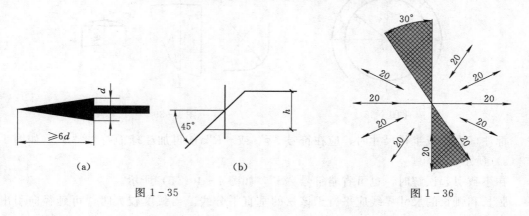

（a）   （b）

图 1-35   图 1-36

3. 尺寸数字

尺寸数字用于表示尺寸度量的大小。注写线性尺寸数字时，应注意数字的书写方向，一般按图 1-36 所示的方向注写，即水平尺寸字头朝上，数字注写在尺寸线上方；垂直尺寸字头朝左，数字注写在尺寸线的左方。

倾斜尺寸字头保持朝上的趋势，并尽量避免在图 1-36 所示 30°范围内标注倾斜尺寸，当无法避免时，可按图 1-37（a）、（b）所示引出标注。

线性尺寸数字也允许注写在尺寸线的中断处，如图 1-37（c）中所示，在同一图样上，数字的注法应一致。

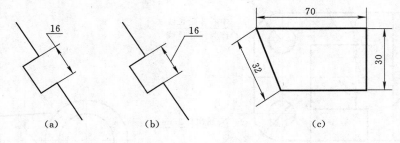

图 1-37

在不致引起误解时，非水平方向的尺寸数字可水平地注写在尺寸线的中断处，如图 1-37（c）中的尺寸 30 和 32。

4. 圆、圆弧、球面、弦长和弧长的尺寸标注

圆、大于半圆或跨过中心线两边的同心圆弧的尺寸应注直径。

标注直径时，应在直径前加直径符号"ϕ"，尺寸线应通过圆心，尺寸线终端用箭头如图 1-38 所示，多个相同规格的圆，可用"数量×直径"在一个圆上标注，例如 $4×\phi8$ 表示 4 个直径 8mm 的孔。

小于或等于半圆的圆弧尺寸一般标注半径。标注半径时，应在数字前加半径符号"R"，尺寸从圆心引出指向圆弧，终端是箭头，当圆弧的半径过大或在图纸范围内无法标注出其圆心位置时，可按图 1-39 标注。

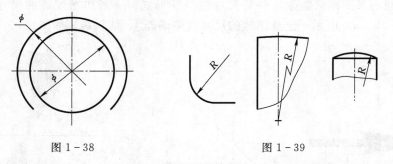

图 1-38　　　　　　　　　　图 1-39

标注球直径或半径尺寸时，应在符号"ϕ"或"R"前再加注球面符号"S"，如图 1-40（a）所示。

在不致引起误解时，也可省略符号"S"，如图 1-40（b）所示。

弦长和弧长的尺寸界线应平行于该弦的垂直平分线。当弧度较大时，可延径向引出。

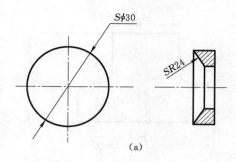

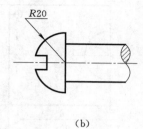

(a)   (b)

图 1-40

弦长的尺寸线应与该弦平行。弧长的尺寸线
用圆弧，尺寸数字上方或前面应加注符号
"⌒"，如图 1-41 所示。

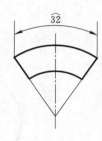

5. 角度的标注

角度的尺寸界线应延径向引出。尺寸线
应以该角的顶点为圆心画圆弧，尺寸线终端
画箭头。

角度的数字一律写成水平方向，一般应

图 1-41

注写在尺寸线中断处，必要时可写在尺寸的上方、外面或引出标注，如图 1-42 所示。

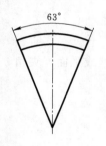

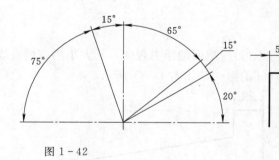

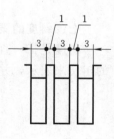

图 1-42   图 1-43

6. 狭小尺寸、板的厚度标注

在没有足够的位置画箭头或写数字时，可按图 1-43 的形式标注。

7. 对称图形、均匀分布孔、正方形结构的标注

当图形具有对称中心线时，分布在对称中心线两边的相同结构，可仅标注其中一边
的尺寸，如图 1-45 (a) 所示；当对称图形只画出一半或略大于一半，尺寸线应略超过
对称中心线或断裂处的边界线，并且只在有尺寸界线的一端画出箭头，如图 1-44 (b)
所示。

均匀分布的相同要素（如孔）的尺寸可按图 1-45 标注。当孔的定位和分布情况在图
形中已明确时，可省略定位尺寸和"均布"两字，均布用符号表示为 EQS。

标注正方形结构尺寸时，可在正方形边长尺寸数字前加注符号"□"，如图 1-46 所
示，或用 $B \times B$ 代替（B 为正方形的边长）。

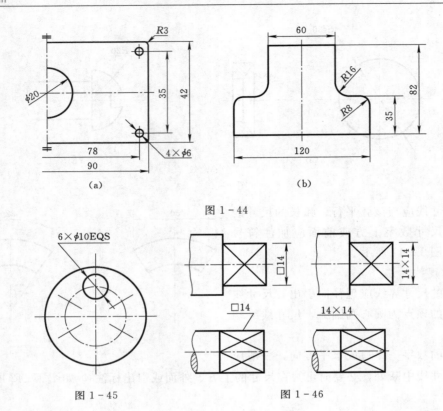

图 1-44

图 1-45   图 1-46

七、斜度的概念

斜度是指一直线或一平面对另一平面的倾斜程度，其大小用该两直线（或平面）夹角的正切来表示，并简化为 $1:n$ 的形式，如图 1-47 所示。

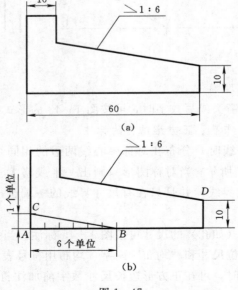

图 1-47

八、锥度的概念

锥度是指正圆锥的底圆直径与其高度之比，若是锥台，则为上下两底平面圆直径差与锥台高度之比。并以 $1:n$ 的形式表示，如图 1-48 所示。

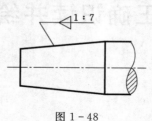

图 1-48

项目二 正确识读并绘制基本体

学习引导

　　基本体是机械零件的基本组成单元。了解并熟悉基本体的投影，可为零件图的表达和识读奠定基础。上节课我们学习了点、线、面的投影规律，而基本体又是由点、线、面所组成。根据点、线、面的投影规律就能绘制一些简单物体的三视图。

任务一　试着以图示为例绘制几个长方体类零件的三视图

任务描述

　　观察并绘制常见的长方体类零件的三视图，如图 2-1 所示的垫块。

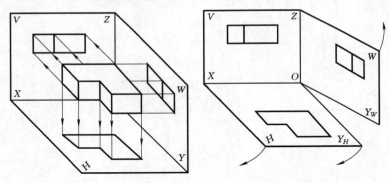

图 2-1

作图区：

任务提示

　　如图2-2所示，想象长方体类零件在三个基本投影面的形状，依次作图。

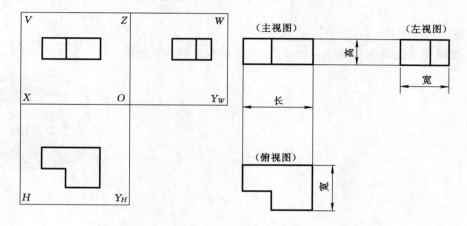

图 2-2

项 目 任 务 自 我 评 价

你对自己完成任务的总体评价并说明理由	□ 很满意	□ 满意	□ 不满意
你对自己完成任务情况的评价： 作图方法：　　　　　□ 低于标准 作图速度：　　　　　□ 低于标准 作图质量：　　　　　□ 低于标准	□ 达到标准 □ 达到标准 □ 达到标准	□ 高于标准 □ 高于标准 □ 高于标准	
你成功地完成了任务吗？如何证明？如果不成功，原因是什么？			
教师评语			

任务二　试着绘制六棱柱的三视图，并在给出的条件下作六棱柱的表面点

任务描述

1. 绘制简单的基本几何体，如图 2-3 所示六棱柱的三视图。

作图区：

图 2-3

任务提示

作图步骤如图 2-4 所示。

（1）画出反映两底面实形的水平投影。

（2）由侧棱线的高度按三视图间的对应关系画出其余视图。

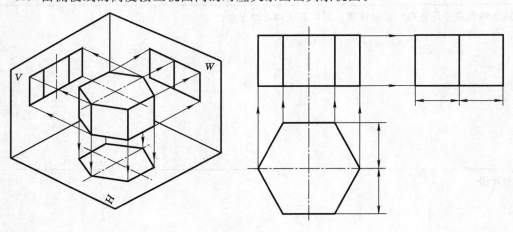

图 2-4

项目任务自我评价

你对自己完成任务的总体评价并说明理由	□ 很满意	□ 满意	□ 不满意
你对自己完成任务情况的评价： 作图方法：　　□ 低于标准 作图速度：　　□ 低于标准 作图质量：　　□ 低于标准	□ 达到标准 □ 达到标准 □ 达到标准	□ 高于标准 □ 高于标准 □ 高于标准	
你成功地完成了任务吗？如何证明？如果不成功，原因是什么？			
教师评语			

2. 如图 2-5 所示，已知六棱柱表面上的点 a、b 在主视图上的位置，求点 a、b 在其他两视图上的投影。

作图区：

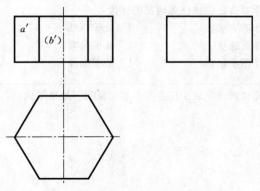

图 2-5

任务提示

作图步骤如图2-6所示。

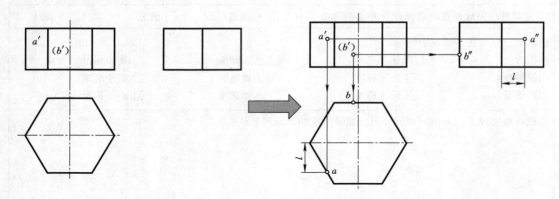

图2-6

（1）利用如图2-6所示的六棱柱表面点在俯视图的积聚性求 a、b 点的俯视图投影。

（2）依据长对正、高平齐、宽相等原则即可作出 a、b 点的左视图投影。

项 目 任 务 自 我 评 价

你对自己完成任务的总体评价并说明理由	□ 很满意	□ 满意	□ 不满意
你对自己完成任务情况的评价： 作图方法：　　　　□ 低于标准 作图速度：　　　　□ 低于标准 作图质量：　　　　□ 低于标准	□ 达到标准 □ 达到标准 □ 达到标准	□ 高于标准 □ 高于标准 □ 高于标准	
你成功地完成了任务吗？如何证明？如果不成功，原因是什么？			
教师评语			

任务三　试着自行拟定三棱锥的大小作三棱锥的
三视图及表面点的投影

任务描述

1. 绘制简单的基本几何体，如图2-7所示三棱锥的三视图。

作图区：

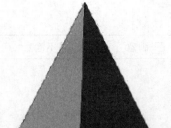

图 2 - 7

任务提示

作图步骤如图 2 - 8 所示。

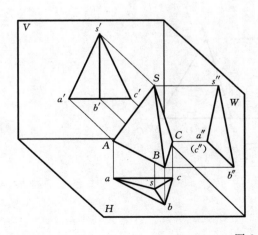

图 2 - 8

项目任务自我评价

你对自己完成任务的总体评价并说明理由	□ 很满意	□ 满意	□ 不满意
你对自己完成任务情况的评价： 作图方法：　　　□ 低于标准　　　　□ 达到标准　　　　□ 高于标准 作图速度：　　　□ 低于标准　　　　□ 达到标准　　　　□ 高于标准 作图质量：　　　□ 低于标准　　　　□ 达到标准　　　　□ 高于标准			
你成功地完成了任务吗？如何证明？如果不成功，原因是什么？			
教师评语			

2. 如图 2-9 所示，已知三棱锥表面上的点 k 在主视图上的位置，求点 k 在其他两视图上的投影。

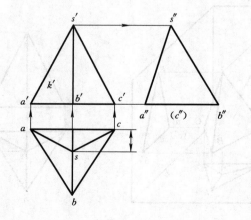

图 2-9

作图区：

任务提示

作图步骤如图 2-10 所示。

（1）作过顶点 s' 与 k' 作直线交线段 $a'b'$ 于 d' 点。

（2）作出 d' 的水平投影 d 点，连接 sd，根据长对正找到 k' 在 sd 上的投影 k。

（3）依据高平齐、宽相等原则作出 k' 点的侧面投影 k''。

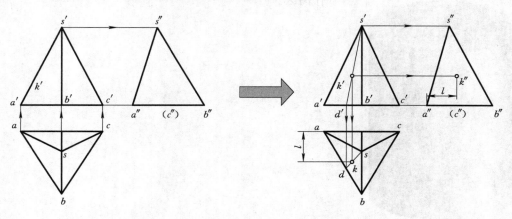

图 2-10

项 目 任 务 自 我 评 价

你对自己完成任务的总体评价并说明理由	□ 很满意	□ 满意	□ 不满意
你对自己完成任务情况的评价： 作图方法：　　　　　□ 低于标准 作图速度：　　　　　□ 低于标准 作图质量：　　　　　□ 低于标准	□ 达到标准 □ 达到标准 □ 达到标准	□ 高于标准 □ 高于标准 □ 高于标准	
你成功地完成了任务吗？如何证明？如果不成功，原因是什么？			
教师评语			

任务四　试着自定义圆柱体的大小作圆柱体的三视图及表面点的投影

任务描述

1. 在作图区绘制如图 2 - 11 所示的圆柱体的三视图。

作图区：

图 2 - 11

任务提示

1. 圆柱的三视图分析

（1）主视图。投影为一矩形线框。

1）上、下两边是由圆柱上、下平面积聚所得。

2）左、右两轮廓线是圆柱上最左、最右素线的投影。

3）投影面矩形面是由圆柱前后两个圆柱面投影所得。

注意：前、后两圆柱面是被圆柱最左、最右素线所分开，后半个圆柱面是不可见的。

（2）俯视图。投影为一圆形线框。

1）投影面上圆周由圆柱面投影所得。

2）投影面圆形面是由上、下底面投影所得。

注意：下底面是不可见的。

（3）左视图。投影为一矩形线框。

1）上、下两边是由圆柱上、下平面积聚所得。

2）左、右两轮廓线是圆柱上最后、最前素线的投影。

3）投影面矩形面是由圆柱左、右两个圆柱面投影所得。

注意：左、右两圆柱面是被圆柱最前、最后素线所分开，右半个圆柱面是不可见的。

2. 圆柱三视图的作图步骤

如图 2-12 所示。

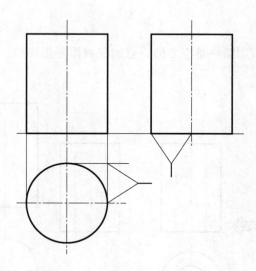

图 2-12

（1）先画出圆的中心线，然后画出积聚的圆。

（2）以中心线和轴线为基准，根据投影的对应关系画出其余两个投影图。

（3）完成全图。

项 目 任 务 自 我 评 价

你对自己完成任务的总体评价并说明理由	□ 很满意	□ 满意	□ 不满意
你对自己完成任务情况的评价： 作图方法：　　　　□ 低于标准 作图速度：　　　　□ 低于标准 作图质量：　　　　□ 低于标准	□ 达到标准 □ 达到标准 □ 达到标准	□ 高于标准 □ 高于标准 □ 高于标准	
你成功地完成了任务吗？如何证明？如果不成功，原因是什么？			
教师评语			

兴趣拓展

　　如图 2-13 所示，假如圆柱是空心的，它的三视图是怎样的？

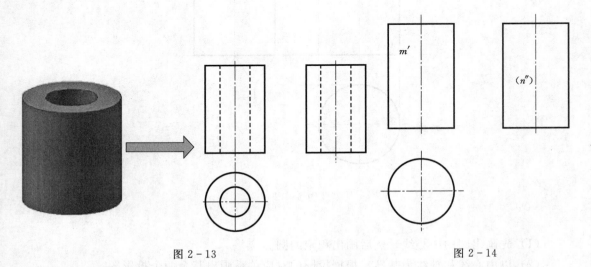

　　　　　　图 2-13　　　　　　　　　　　　　　　　图 2-14

　　2. 如图 2-14 所示，已知圆柱表面上的点 m、n 在一个视图上的位置，求点 m、n 在其他两视图上的投影。

作图区：

任务提示

　　作图步骤如图 2-15 所示。

　　（1）根据圆柱面在水平面的投影具有积聚性，按"长对正"由 m' 作出 m。

　　（2）根据"高平齐"、"宽相等"由 m' 和 m 作出 m''。

　　（3）同理求得 n' 与 n 点。

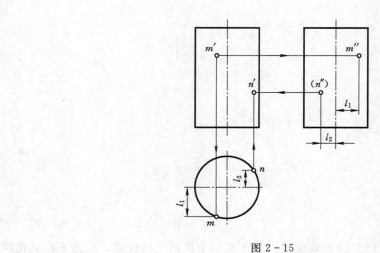

图 2-15

项目任务自我评价

你对自己完成任务的总体评价并说明理由	□ 很满意	□ 满意	□ 不满意
你对自己完成任务情况的评价： 作图方法：　　　　　□ 低于标准　　　　　　□ 达到标准　　　　　　□ 高于标准 作图速度：　　　　　□ 低于标准　　　　　　□ 达到标准　　　　　　□ 高于标准 作图质量：　　　　　□ 低于标准　　　　　　□ 达到标准　　　　　　□ 高于标准			
你成功地完成了任务吗？如何证明？如果不成功，原因是什么？			
教师评语			

任务五　试着自定义尺寸作圆锥体的三视图及表面点的投影

任务描述

（1）在作图区绘制如图 2-16 所示圆锥体的三视图。

作图区：

图 2-16

（2）如图 2-17 所示，已知圆锥表面上的点 k 在一个视图上的位置，求点 k 在其他两视图上的投影。

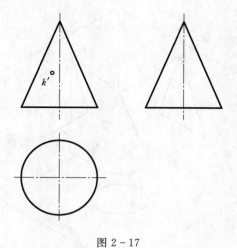

图 2 – 17

作图区：

任务提示

（1）圆锥的三视图形状如图 2 – 18 所示，作图步骤如下。

1）先画出圆的中心线，然后画出圆锥底圆，画出主视图、左视图的底部（图 2 – 19）。

2）根据圆锥的高画出顶点（图 2 – 20）。

3）连接轮廓，完成全图（图 2 – 21）。

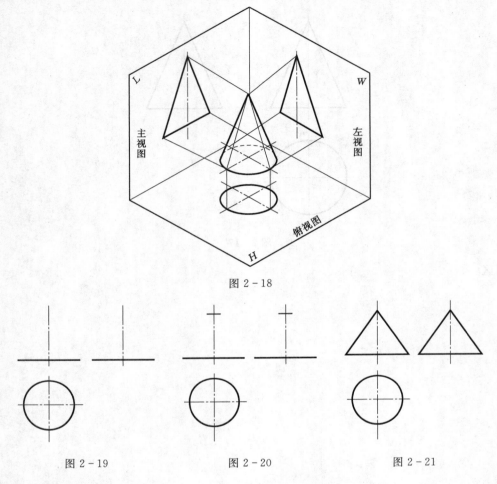

图 2-18

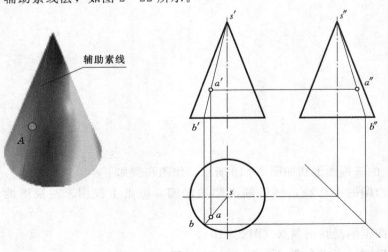

图 2-19　　　　　　图 2-20　　　　　　图 2-21

（2）圆锥表面求点。

方法一：辅助素线法，如图 2-22 所示。

图 2-22

方法二：辅助圆（纬圆）法，如图 2 - 23 所示。

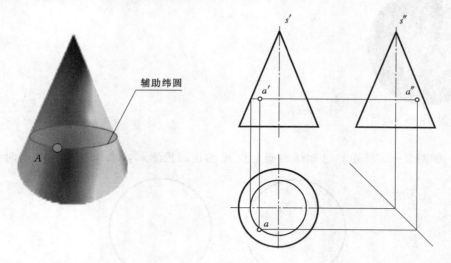

图 2 - 23

项目任务自我评价

你对自己完成任务的总体评价并说明理由	□ 很满意	□ 满意	□ 不满意
你对自己完成任务情况的评价：			
作图方法：　　　　□ 低于标准	□ 达到标准		□ 高于标准
作图速度：　　　　□ 低于标准	□ 达到标准		□ 高于标准
作图质量：　　　　□ 低于标准	□ 达到标准		□ 高于标准
你成功地完成了任务吗？如何证明？如果不成功，原因是什么？			
教师评语			

任务六　球体的三视图分析、作图步骤及表面取点

任务描述

（1）绘制如图 2 - 24 所示球体的三视图。

作图区：

图 2 - 24

（2）如图 2 - 25 所示，已知球表面上点 K 的正面投影 k'，求作点 K 的其余两个投影。

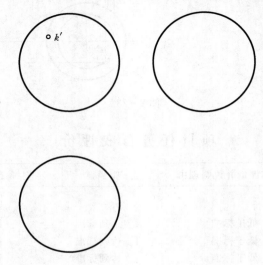

图 2 - 25

作图区：

任务提示

1. 球面的形成

如图 2-26 所示，球面是由圆母线以它的直径为轴旋转而成。

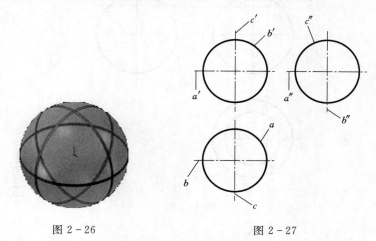

图 2-26　　　　　　　　　　图 2-27

2. 球体的三视图分析

球体的三视图分析如图 2-27 所示。

（1）三视图形状。三个视图分别为三个和圆球的直径相等的圆，它们分别是圆球三个方向轮廓线的投影。

（2）视图分析。

主视图：平行于 V 面的轮廓圆。

俯视图：平行于 H 面的轮廓圆。

左视图：平行于 W 面的轮廓圆。

（3）曲面可见性的分析。

平行于 V 面的轮廓圆，将球分为前后两部分，前面的可见，后面的不可见。

平行于 H 面的轮廓圆，将球分为上下两部分，上面的可见，下面的不可见。

平行于 W 面的轮廓圆，将球分为左右两部分，左面的可见，右面的不可见。

3. 球体三视图的作图步骤

（1）先画出球的中心线。

（2）画出三个等直径的轮廓素线圆。

4. 球体表面上点的投影

【例 2-1】　如图 2-28 所示，已知球表面上 M 的正面投影 m'，求作点 M 的其余两个投影。

方法：辅助面法。

作图过程：

（1）假想用一过 M 点的水平面截切圆锥，截切面为圆。

（2）作圆的主视图投影。

（3）作圆的水平面投影、根据长对正求出点 m。

（4）根据 m、m' 可求出 m''。

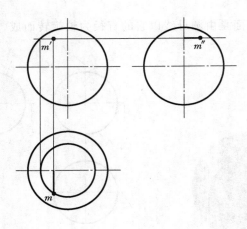

图 2-28

项 目 任 务 自 我 评 价

你对自己完成任务的总体评价并说明理由	□ 很满意	□ 满意	□ 不满意
你对自己完成任务情况的评价： 作图方法：　　　　□ 低于标准 作图速度：　　　　□ 低于标准 作图质量：　　　　□ 低于标准	□ 达到标准 □ 达到标准 □ 达到标准	□ 高于标准 □ 高于标准 □ 高于标准	
你成功地完成了任务吗？如何证明？如果不成功，原因是什么？			
教师评语			

任务七　对简单的平面立体进行尺寸标注

任务描述

（1）对图 2-29 的四棱柱进行尺寸标注（直接在图上标注即可）。

（2）对图 2-30 的六棱柱进行尺寸标注（直接在图上标注即可）。

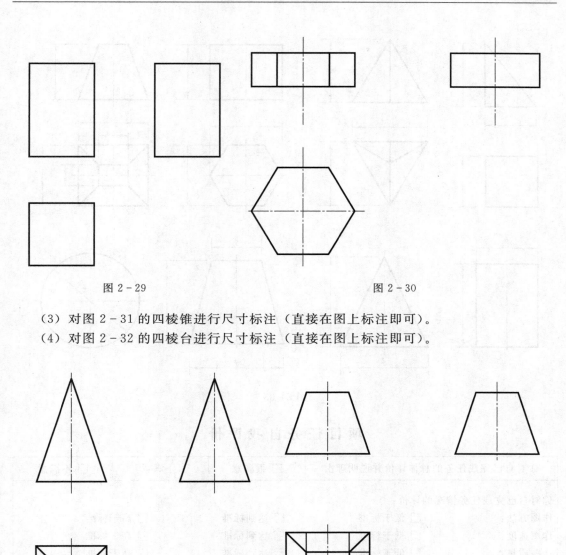

图 2-29　　　　　　　　　　　　　　　　　图 2-30

（3）对图 2-31 的四棱锥进行尺寸标注（直接在图上标注即可）。

（4）对图 2-32 的四棱台进行尺寸标注（直接在图上标注即可）。

图 2-31　　　　　　　　　　　　　　　　　图 2-32

任务提示

如图 2-33 所示，圆柱和圆锥应注出底圆直径和高度尺寸，直径尺寸应在其数字前加注符号"ϕ"，一般注在非圆视图上。这种标注形式用一个视图就能确定其形状和大小，其他视图就可省略。

标注圆球的直径和半径时，应分别在"ϕ、R"前加注符号"S"。

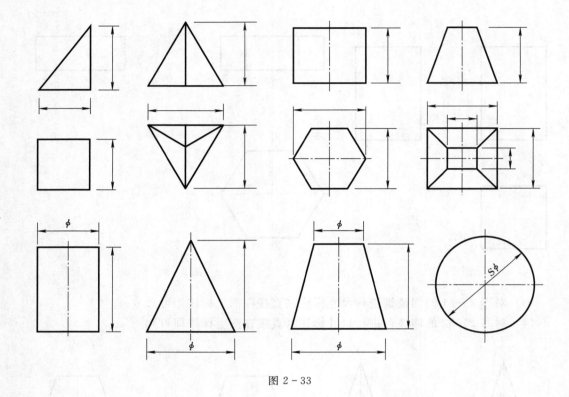

图 2-33

项 目 任 务 自 我 评 价

你对自己完成任务的总体评价并说明理由	□ 很满意	□ 满意	□ 不满意
你对自己完成任务情况的评价： 作图方法： □ 低于标准 □ 达到标准 □ 高于标准 作图速度： □ 低于标准 □ 达到标准 □ 高于标准 作图质量： □ 低于标准 □ 达到标准 □ 高于标准			
你成功地完成了任务吗？如何证明？如果不成功，原因是什么？			
教师评语			

相 关 基 础 知 识

一、投影法的概念与分类

（一）投影法概念

物体被灯光或日光照射，在地面或墙面上就会留下影子，这就是投影现象。

投影法——投射线通过物体，向选定的面投射，并在该面上得到图形的方法。

投影——根据投影法所得到的图形。

投影面——投影法中得到投影的面。

（二）投影法分类

1. 中心投影法

投射线汇交于一点的投影法，称为中心投影法，如图2-34（a）所示。

用中心投影法所得到的投影不能反映物体的真实大小，它不适用于绘制机械图样。

中心投影法绘制的图形立体感较强，它适用于绘制建筑物的外观图以及美术画等。

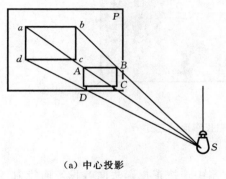

|（a）中心投影|（b）平行投影|

图 2 - 34

2. 平行投影法

投射线互相平行的投影法，称为平行投影法，如图2-34（b）所示。

平行投影法所得到的投影可以反映物体的实际形状。

（1）斜投影法。在平行投影法中，投射线与投影面倾斜成某一角度时，称为斜投影法。按斜投影法得到的投影称为斜投影。

（2）正投影法。在平行投影法中，投射线与投影面垂直时，称为正投影法。按正投影法得到的投影称为正投影。

机械图样按正投影法绘制。因为正投影法所得到的投影能真实地反映物体的形状和大小，度量性好，作图简便。

（三）正投影的基本特性

1. 实形性

直线∥投影面：其投影反映直线的实长。

平面图形∥投影面：其投影反映平面图形的实形。

得到正面投影、水平投影和侧面投影。在工程图样中根据有关标准绘制的多面正投影图也称为"视图"。在三投影面体系中，物体的三面视图是国家标准中基本视图中的三个，规定的名称如下。

主视图——由前向后投射，在正面上所得的视图。

俯视图——由上向下投射，在水平面上所得的视图。

左视图——由左向右投射，在侧面上所得的视图。

为了画图和看图方便，必须使处于空间位置的三视图在同一个平面上表示出来。如图 2-37 所示规定正面不动，将水平面绕 OX 轴旋转 $90°$，将侧面绕 OZ 轴旋转 $90°$，使它们与正面处在同一平面上。在旋转过程中，OY 轴一分为二，随 H 面旋转的 Y 轴用 Y_H 表示，随 W 面旋转的 Y 轴用 Y_W 表示。由于画图时不必画出投影面和投影轴，所以去掉投影面的边框和投影轴就得到三视图。

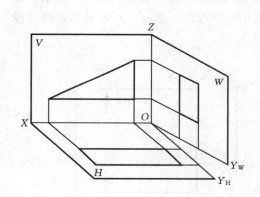
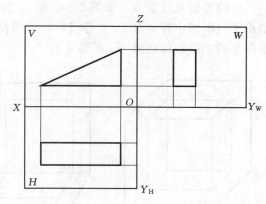

图 2-37 三视图的展开

四、三视图的投影规律与方位对应关系

1. 三视图的投影规律

如图 2-38 所示三视图具有如下投影规律：主、俯视图长对正；主、左视图高平齐；俯、左视图宽相等。

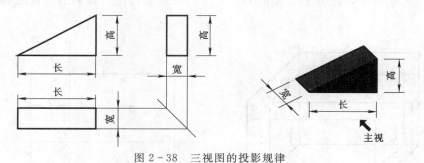

图 2-38 三视图的投影规律

2. 三视图方位对应关系

如图 2-39 所示三视图具有如下对应关系：

主视图反映物体的上、下和左、右的相对位置关系；俯视图反映物体的前、后和左、右的相对位置关系；左视图反映物体的前、后和上、下的相对位置关系。

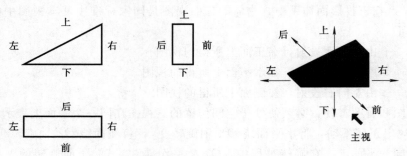

图 2-39　三视图的方位关系

五、点的投影与标记

点的投影永远是点。如图 2-40 所示空间点规定用大写字母（如 A、B 等）表示，它的水平投影用小写字母 a、b 等表示，正面投影用小写字母加一撇 a'、b' 等表示，侧面投影用小写字母加加两撇 a''、b'' 等表示。

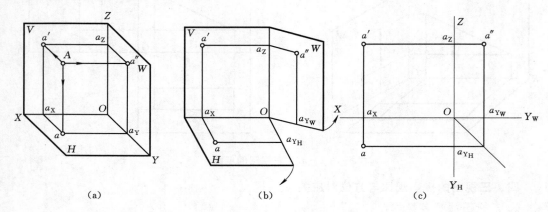

图 2-40　点的三面投影

六、点的投影规律

如图 2-41 所示，过 A 点分别向 H、V、W 投影面投影，得到的三面投影分别是 a、a'、a''。

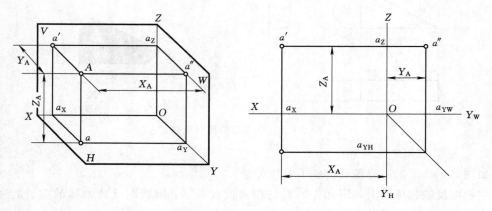

图 2-41　点的坐标

点的三面投影具有以下投影规律。

（1）点的两面投影的连线垂直于投影轴，即：$a'a \perp OX$；$a'a'' \perp OZ$；$aa_{YH} \perp O_{YH}$；$a''a_{YH} \perp O_{YW}$。

（2）点的投影到投影轴的距离，等于空间点到对应投影面的距离，即：$a'a_X = a''a_{YH}$＝点 A 到 H 面的距离 Aa；$aa_X = a''a_Z$＝点 A 到 V 面的距离 Aa'；$aa_{YH} = a'a_Z$＝点 A 到 W 面的距离 Aa''。

如图 2-42 所示，若空间两点在某一投影面上的投影重合，则这两个点是该投影面的重影点。重影点需要判断可见性，在投影图上不可见的投影加括号表示。

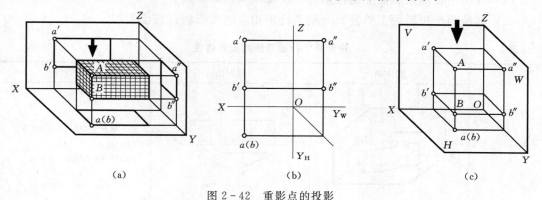

图 2-42　重影点的投影

七、线的投影

在三投影面体系中，直线按其与投影面的相对位置，可分为以下三种。

投影面平行线——平行于一个投影面，倾斜于另外两个投影面的直线。

投影面垂直线——垂直于一个投影面，平行于另外两个投影面的直线。

一般位置直线——与三个投影面都倾斜的直线。

投影面平行线和投影面垂直线又称为特殊位置直线。

1. 一般位置直线

一般位置直线对三个投影面都倾斜。如图 2-43 所示，三个投影都倾斜于投影轴，且

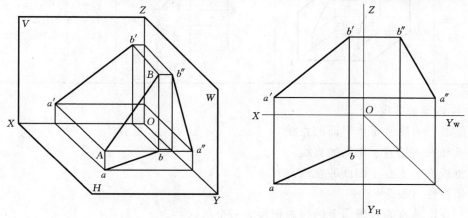

图 2-43　一般位置直线的投影

均不反映实长。必须注意，一般位置直线与投影轴的夹角不反映空间直线对投影面的倾角。

2. 投影面平行线

水平线——平行于水平面且倾斜于另外两个投影面的直线。

正平线——平行于正面且倾斜于另外两个投影面的直线。

侧平线——平行于侧面且倾斜于另外两个投影面的直线。

投影特性（表 2-1）：

（1）在所平行的投影面上的投影为一段反映实长的斜线。

（2）其他两个投影面上的投影分别平行于相应的投影轴，长度缩短。

表 2-1 投影面平行垂直线的投影特性

名称	立体图	投影图	投影特性
水平线（// H）			（1）$a'b' /\!/ OX$，$a'b' /\!/ OY_W$。 （2）$ab=AB$。 （3）反映夹角 α、β 大小
正平线（// V）			（1）$ab /\!/ OX$，$a'b' /\!/ OZ$。 （2）$a'b'=AB$。 （3）反映夹角 α、β 大小
侧平线（// W）			（1）$ab /\!/ OY_H$，$a'b' /\!/ OZ$。 （2）$a''b''=AB$。 （3）反映夹角 α、β 大小

3. 投影面垂直线

铅垂线——垂直于水平面的直线。

正垂线——垂直于正面的直线。

侧垂线——垂直于侧面的直线。

投影特性（表 2-2）：

（1）在所垂直的投影面上的投影积聚为一个点。

（2）在其他两个投影面上的投影分别平行于相应的投影轴，且反应实长。

表 2－2 投影面垂直线的投影特性

名称	立体图	投影图	投影特性
铅垂线（⊥H）			（1）H 投影为一点，有积聚性。 （2）$a'b' \perp OX$，$a'b'' \perp OY_W$。 （3）$a'b' = a'b'' = AB$
正垂线（⊥V）			（1）V 影为一点，有积聚性。 （2）$ab \perp OX$，$a'b'' \perp OZ$。 （3）$ab = a'b'' = AB$
侧垂线（⊥W）			（1）W 投影为一点，有积聚性。 （2）$Ab \perp OY_H$，$a'b' \perp OZ$。 （3）$Ab = a'b' = AB$

八、面的投影

在三投影面体系中，平面对投影面的相对位置有以下三种。

投影面平行面——平行于一个投影面，垂直于另外两个投影面的平面。

投影面垂直面——垂直于一个投影面，倾斜于另外两个投影面的平面。

一般位置平面——与三个投影面都倾斜的平面。

投影面平行面与投影面垂直面统称为特殊位置平面。

1. 一般位置平面

定义：与三个投影面都倾斜的平面称为一般位置平面。

如图 2－44 所示形体上的 I 面对三个投影面既不平行也不垂直，所以它的 H、V、W

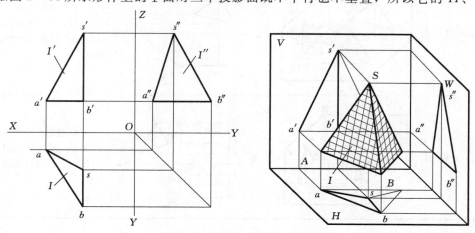

图 2－44　一般位置平面的投影

面投影均为平面Ⅰ的类似形。

投影特性：

在三面投影面上投影均不反应实形，是比原平面形小的类似形。

2. 投影面平行面

投影面平行面可分为以下三种。

水平面——平行于 H 面并垂直于 V、W 面的平面。

正平面——平行于 V 面并垂直于 H、W 面的平面。

侧平面——平行于 W 面并垂直于 V、H 面的平面。

投影特性（表2-3）：

(1) 在所平行的投影面上的投影反映实形。

(2) 其他两个投影面上的投影分别积聚成直线，且平行于相应的投影轴。

3. 投影面垂直面

投影面垂直面也可分为以下三种。

铅垂面——垂直于 H 面并与 V、W 面倾斜的平面。

正垂面——垂直于 V 面并与 H、W 面倾斜的平面。

侧垂面——垂直于 W 面并与 H、V 面倾斜的平面。

表 2-3　　　　　　　　　　投影面平行面的投影特性

名称	立体图	投影图	投影特性
水平面（∥H）			1）H 投影反映实形。 2）V、W 投影分别为平行 OX、OY_W 轴的直线段，有积聚性
正平面（∥V）			1）V 投影反映实形。 2）H、W 投影分别为平行 OX、OZ 轴的直线段，有积聚性
侧平面（∥W）			1）W 投影反映实形。 2）V、H 投影分别为平行 OZ、OY_W 轴的直线段，有积聚性

投影特性（表2-4）：

（1）在所垂直的投影面上的投影积聚为一段斜线。

（2）其他两投影面上的投影均为缩小的类似形。

表 2 - 4　　　　　　　　　　　　　　投影面垂直面的投影特性

名称	立体图	投影图	投影特性
铅垂面（⊥H）			1）H 投影为斜直线，有积聚性，且反映 β、γ 大小。 2）V、W 投影不是实形，但有相似性
正垂面（⊥V）			1）V 投影为斜直线，有积聚性，且反映 α、γ 大小。 2）H、W 投影不是实形，但有相似性
侧垂面（⊥W）			1）W 投影为斜直线，有积聚性，且反映 α、β 大小。 2）H、V 投影不是实性，但有相似性

项目三 识读及绘制轴测图

任务一 试着绘制长方体的轴测图

任务描述

  根据如图 3-1 所示的长方体三视图绘制长方体的正等轴测图，要求符合制图国家标准的有关规定。

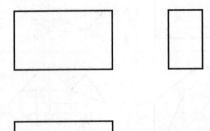

图 3-1

作图区：

任务提示

作图步骤如图 3-2 所示。

（1）在视图上建立空间直角坐标系。

（2）根据直角坐标系绘出相应的轴测轴。

（3）根据视图上的尺寸绘出长方体底面的轴测图。

（4）向上取高完成轴测图。

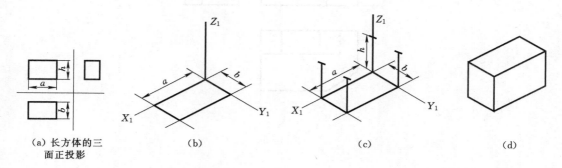

（a）长方体的三　　　　（b）　　　　　　　　　（c）　　　　　　　　（d）
面正投影

图 3-2

项 目 任 务 自 我 评 价

你对自己完成任务的总体评价并说明理由	□ 很满意	□ 满意	□ 不满意
你对自己完成任务情况的评价： 作图方法：　　　□ 低于标准 作图速度：　　　□ 低于标准 作图质量：　　　□ 低于标准	□ 达到标准 □ 达到标准 □ 达到标准	□ 高于标准 □ 高于标准 □ 高于标准	
你成功地完成了任务吗？如何证明？如果不成功，原因是什么？			
教师评语			

任务二　试着根据物体的三视图绘制轴测图

任务描述

根据如图 3-3 所示的三视图在作图区绘制物体的正等轴测图，要求符合制图国家标

项目三 识读及绘制轴测图

准的有关规定。

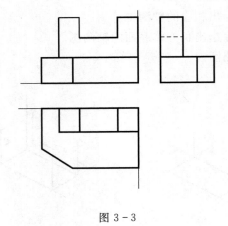

图 3-3

作图区：

62

任务提示

作图步骤如图 3－4 所示。

（1）定坐标。

（2）作上下两长方体轴测图。

（3）作铅垂切面与水平切面。

（4）擦去多余图线，即完成作图。

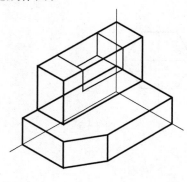

图 3－4

项 目 任 务 自 我 评 价

你对自己完成任务的总体评价并说明理由	□ 很满意	□ 满意	□ 不满意
你对自己完成任务情况的评价： 作图方法： □ 低于标准　　　□ 达到标准　　　□ 高于标准 作图速度： □ 低于标准　　　□ 达到标准　　　□ 高于标准 作图质量： □ 低于标准　　　□ 达到标准　　　□ 高于标准			
你成功地完成了任务吗？如何证明？如果不成功，原因是什么？			
教师评语			

任务三　试着根据已知六棱柱的三视图，绘制其正等轴测图

任务描述

根据如图 3－5 所示的六棱柱的三视图绘制其正等轴测图，要求符合制图国家标准的有关规定。

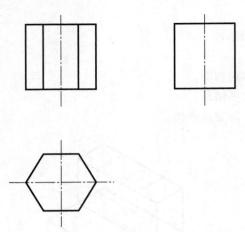

图 3 - 5

作图区：

任务提示

作图步骤如图 3 - 6 所示。

（1）六棱柱的左右、前后都对称，定出直角坐标轴。

（2）画出轴测轴，沿 *OX*、*OY* 定出轴上各顶点。

（3）定出各顶点，并按顺序连线。

（4）过各顶点沿 *OZ* 方向往下画侧棱，取尺寸 h，画底面各边。

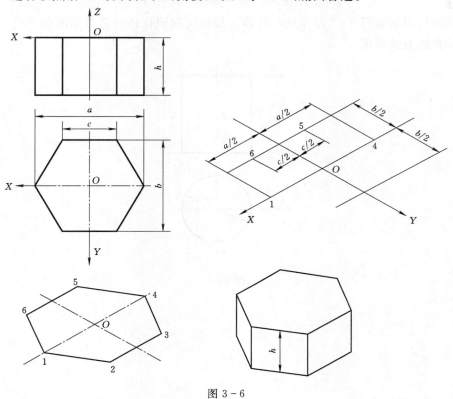

图 3 - 6

项目任务自我评价

你对自己完成任务的总体评价并说明理由	□ 很满意	□ 满意	□ 不满意
你对自己完成任务情况的评价： 作图方法：　　□ 低于标准 作图速度：　　□ 低于标准 作图质量：　　□ 低于标准	□ 达到标准 □ 达到标准 □ 达到标准	□ 高于标准 □ 高于标准 □ 高于标准	
你成功地完成了任务吗？如何证明？如果不成功，原因是什么？			
教师评语			

任务四　试着绘制圆柱体的正等轴测图

任务描述

　　在作图区根据如图 3-7 给示的圆柱体三视图绘制圆柱体的正等轴测图，要求符合制图国家标准的有关规定。

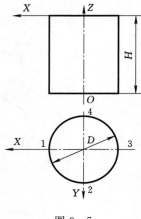

图 3-7

作图区：

任务提示

　　作图步骤如图 3-8 所示。

　　（1）画圆的外切菱形。

　　（2）确定四个圆心和半径。

（3）分别画出四段彼此相切的圆弧。

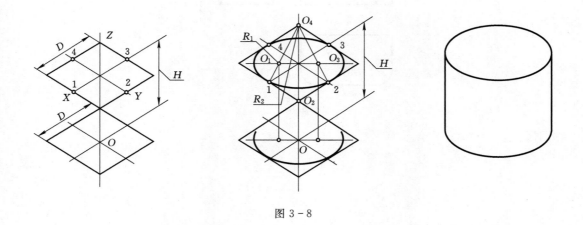

图 3 - 8

项 目 任 务 自 我 评 价

你对自己完成任务的总体评价并说明理由	□ 很满意	□ 满意	□ 不满意
你对自己完成任务情况的评价： 作图方法： 　□ 低于标准 作图速度： 　□ 低于标准 作图质量： 　□ 低于标准	□ 达到标准 □ 达到标准 □ 达到标准	□ 高于标准 □ 高于标准 □ 高于标准	
你成功地完成了任务吗？如何证明？如果不成功，原因是什么？			
教师评语			

任务五　试着按照物体的三视图绘制物体的正等轴测图

任务描述

　　绘制如图 3 - 9 所示带圆角的底板的正等轴测图，要求符合制图国家标准的有关规定。

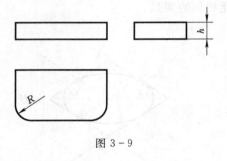

图 3 - 9

作图区：

任务提示

作图步骤如图 3 - 10 所示。

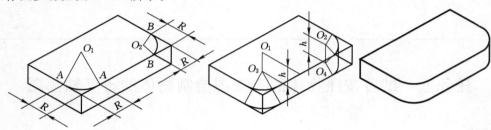

图 3 - 10

（1）作长方体的正等轴测投影。

（2）作底板上面圆角的两圆心 O_1、O_2 和切点。

（3）用移心法得底板下面圆角的两个圆心 O_3、O_4，同时同样方法下移切点。

（4）以 O_1、O_2、O_3、O_4 为圆心，画对应圆弧及小圆弧的外公切线。

（5）擦去多余线完成作图。

项 目 任 务 自 我 评 价

你对自己完成任务的总体评价并说明理由	□ 很满意	□ 满意	□ 不满意
你对自己完成任务情况的评价： 作图方法：　　　□ 低于标准　　　　□ 达到标准　　　　□ 高于标准 作图速度：　　　□ 低于标准　　　　□ 达到标准　　　　□ 高于标准 作图质量：　　　□ 低于标准　　　　□ 达到标准　　　　□ 高于标准			
你成功地完成了任务吗？如何证明？如果不成功，原因是什么？ 			
教师评语 			

任务六　试着根据已知两视图，画出物体的斜二轴测图

任务描述

按如图 3-11 给示的三视图绘制机件的斜二轴测图，要求符合制图国家标准的有关规定。

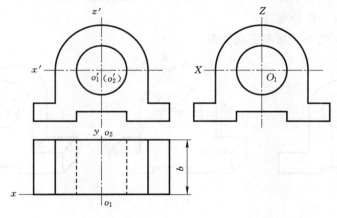

图 3-11

作图区：

任务提示

　　分析：几何体前后表面都平行于 V 面，即在斜二轴测图中反映主视图实形。

　　作图步骤如图 3 – 12 所示。

　　(1) 画出斜二轴测轴。

　　(2) 画出前表面。

　　(3) 平移法：圆心沿 Y 轴平移15，确定 O_2，画出背面可见轮廓线。

　　(4) 连接顶点、作公切线。

　　(5) 擦除多余线条、加深完成图形。

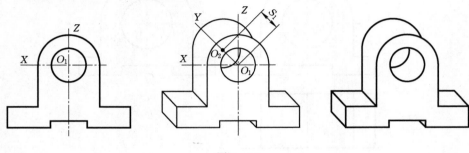

图 3 – 12

项 目 任 务 自 我 评 价

你对自己完成任务的总体评价并说明理由	□ 很满意	□ 满意	□ 不满意
你对自己完成任务情况的评价： 作图方法：　　　　□ 低于标准 作图速度：　　　　□ 低于标准 作图质量：　　　　□ 低于标准	□ 达到标准 □ 达到标准 □ 达到标准	□ 高于标准 □ 高于标准 □ 高于标准	
你成功地完成了任务吗？如何证明？如果不成功，原因是什么？			
教师评语			

相 关 基 础 知 识

一、轴测图的形成

将物体连同确定其空间位置的直角坐标系，沿不平行于任一坐标面的方向，用平行投影法将其投射在单一投影面上所得的具有立体感的图形称为轴测图，如图 3-13 所示显示了轴测投影与正投影的区别。

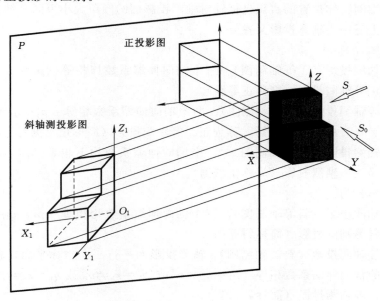

图 3-13

如图 3-13 所示轴测投影被选定的单一投影面 P，称为轴测投影面。直角坐标轴 OX、OY、OZ 在轴测投影面 P 上的轴测投影 OX、OY、OZ，称为轴测投影轴，简称轴测轴。

直角坐标体系：由三根相互垂直的轴（直角坐标轴）和相同的原点及其计量单位所构成的坐标体系。

坐标体系：确定空间每个点及其相应位置之间关系的基准体系。

直角坐标轴：在直角体系中垂直相交的坐标轴。

坐标平面：任意两根坐标轴所确定的平面。

原点：坐标轴的基准点。

轴测投影也属于平行投影，且只有一个投影面。当确定物体的三个坐标平面不与投射方向一致时，则物体上平行于三个坐标平面的平面图形的轴测投影，在轴测投影面上都得到反映，因此，物体的轴测投影才有较强的立体感。

轴测投影（轴测图）通常不画不可见轮廓的投影（虚线）。

二、轴测图的投影特性

1. 平行性

物体上相互平行的线段，其轴测投影也相互平行；与坐标轴平行的线段，其轴测投影必平行于相应的轴测轴。

2. 定比性

物体上的轴向线段（平行于坐标轴的线段），其轴测投影与相应的轴测轴有着相同的轴向伸缩系数。

三、轴测投影的分类

按获得轴测投影的投射方向对轴测投影面的相对位置不同，轴测投影可分为两大类。

（1）正轴测投影。用正投影法得到的轴测投影，称为正轴测投影。

（2）斜轴测投影。用斜投影法得到的轴测投影，称为斜轴测投影。

由于确定空间物体位置的直角坐标轴对轴测投影面的倾角大小不同，轴向伸缩系数也随之不同，故上述两类轴测投影又各分为三种。

正轴测投影分为：

（1）正等轴测投影（正等轴测图）。三个轴向伸缩系数均相等（$p_1 = q_1 = r_1$）的正轴测投影，称为正等轴测投影（简称正等测）。

（2）正二等轴测投影（正二轴测图）。两个轴向伸缩系数相等（$p_1 = q_1 \neq r_1$ 或 $p_1 = r_1 \neq q_1$ 或 $q_1 = r_1 \neq p_1$）的正轴测投影，称为正二等轴测投影（简称正二测）。

（3）正三轴测投影（正三轴测图）。三个轴向伸缩系数均不相等（$p_1 \neq q_1 \neq r_1$）的正轴测投影，称为正三轴测投影（简称正三测）。

斜轴测投影分为：

（1）斜等轴测投影（斜等轴测图）。三个轴向伸缩系数均相等（$p_1 = q_1 = r_1$）的斜轴测投影，称为斜等轴测投影（简称斜等测）。

（2）斜二等轴测投影（斜二轴测图）。轴测投影面平行一个坐标平面，且平行于坐标平面的两根轴的轴向伸缩系数相等（$p_1 = q_1 \neq r_1$ 或 $p_1 = r_1 \neq q_1$ 或 $q_1 = r_1 \neq p_1$）的斜轴测投影，称为斜二等轴测投影（简称斜二测）。

（3）斜三轴测投影（斜三轴测图）。三个轴向伸缩系数均不等（$p_1 \neq q_1 \neq r_1$）的斜轴测投影，称为斜三轴测投影（简称斜三测）。

在实际工作中，正等测、斜二等测用得较多，正（斜）三测的作图较繁，很少采用。本书只介绍正等测和斜二测的画法。

四、正等侧轴测图

1. 正等测轴间角和轴向伸缩系数

（1）如图 3-14 所示，轴间角 $\angle XOY = \angle YOZ = \angle ZOX = 120°$。

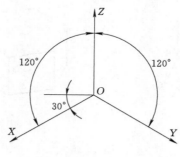

图 3-14

（2）伸缩系数 $p = q = r = 0.8$。

为了作图方便，通常采用简化的轴向伸缩系数，即：$p = q = r = 1$。

2. 正等轴测图的画法

常用的画法是坐标法，其具体步骤如下。

（1）先定出直角坐标轴和坐标原点，然后画出轴测轴。

（2）按立体表面上各顶点或线段端点的坐标，画出其轴测投影。

（3）连接有关点，完成轴测图。

【例 3-1】 作如图 3-15 所示的正六棱柱的正等轴测图，作图步骤如图 3-16 所示。

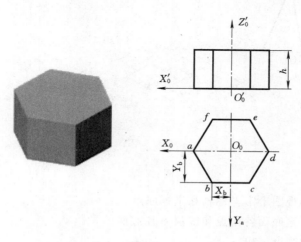

图 3-15

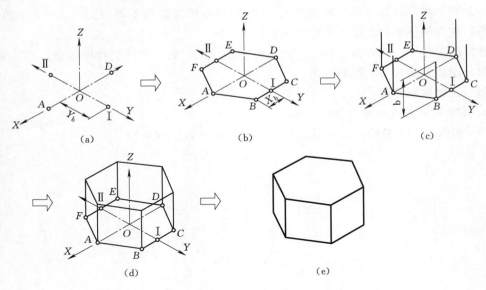

图 3 - 16

解：

（1）定原点及坐标轴。

（2）定出 A、D、及 Ⅰ、Ⅱ 点。

（3）过 Ⅰ、Ⅱ 点作 X 轴平行线，量取 B、C、E、F 四点，并连接各点，得六棱柱底。

（4）过 $ABCDEF$ 点量取高 h，并连接各点，即得上底面六边形。

（5）擦去多余图线。

【例 3 - 2】 三棱锥正等轴测图的画法如图 3 - 17 所示，作图步骤如下。

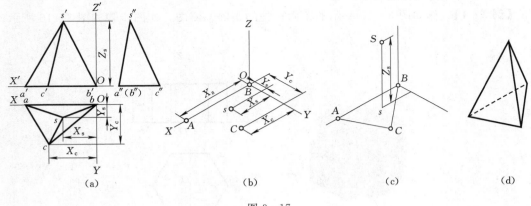

图 3 - 17

（1）在三棱锥的视图上定坐标轴和坐标原点。

（2）画轴测轴、定底面各角点和锥顶 S 在底面的投影 s。

（3）根据锥顶的高度定出 S。

（4）连接各定点完成作图。

（5）擦去多余图线。

【例 3-3】 圆的正等轴测投影（椭圆）的画法。

如图 3-18 所示为轴向伸缩系数取 1 时，圆在三个投影面上的正等轴测投影。

作图步骤如图 3-19 所示。

（1）选坐标作圆的外切正方形。

（2）作正方形的轴测投影及对角线。

（3）连接各点定圆心及切点。

（4）分别画出四段圆弧，连接出近似椭圆。

（5）擦去多余图线。

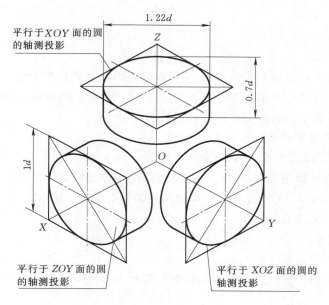

图 3-18

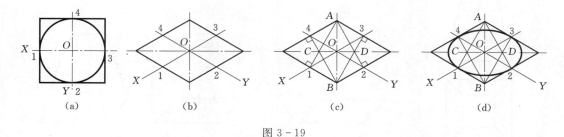

图 3-19

3. 圆角正等轴测投影的画法

从图 3-19 所示用菱形法近似画椭圆可以看出，菱形的钝角与大圆弧相对，锐角与小圆弧相对，菱形相邻两边的中垂线的交点就是大圆弧（或小圆弧）的圆心，由此可得出圆角的正等轴测投影的近似画法：画圆角正等轴测投影时，只要在作圆角的两边上量取圆角半径 R，自量得的点作边线的垂线，然后以两垂线交点为圆心，以交点至垂足的距离为半径画弧，所得的弧即为圆角的正等轴测投影，如图 3-20 所示。

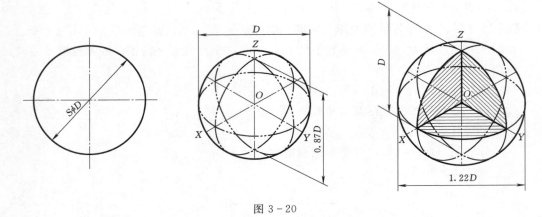

图 3-20

五、斜二轴测图

斜二轴测图是由斜投影方式获得的,当选定的轴测投影面平行于 V 面,投射方向倾斜于轴测投影面,并使 OX 轴与 OY 轴夹角为 135°,沿 OY 轴的轴向伸缩系数为 0.5 时,所得的轴测图就是斜二等轴测图,简称斜二轴测图。

1. 斜二轴测图的轴间角和轴向伸缩系数

由于斜二轴测图的 XOZ 面与物体参考坐标系的 $X_0 O_0 Z_0$ 面平行,所以物体上与正面平行的平面的轴测投影均反映实形。斜二轴测图的轴间角是:$\angle XOY = \angle YOZ = 135°$,$\angle ZOX = 90°$。在沿 OX、OZ 方向上,其轴向伸缩系数是 1,沿 OY 方向则为 0.5。

2. 斜二轴测图的优点

物体上凡平行于 V 面的平面都反映实形。

3. 斜二轴测图的画法

【例 3-4】 正四棱台的斜二轴测图作图步骤如图 3-21 所示。

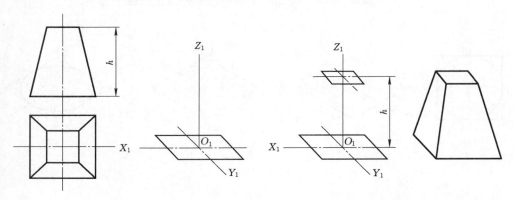

图 3-21

(1) 建立轴测轴 $O_1 X_1$、$O_1 Y_1$、$O_1 Z_1$,作出底面的轴测投影。

(2) 在 $O_1 X_1$ 轴上按 1:1 截取,在 $O_1 Y_1$ 轴上按 1:2 截取,在 $O_1 Z_1$ 轴上量取正四棱台的高度 h,作出顶面的轴测投影。

(3) 连接各可见轮廓线,整理描深即可。

项目四　识读与绘制组合体

任务一　试着识读下列组合体视图，锻炼空间想象能力

任务描述

运用形体分析法，分析如图 4-1 所示的三视图组合体由哪几部分组成，想象其空间形状，在作图区手绘立体草图。

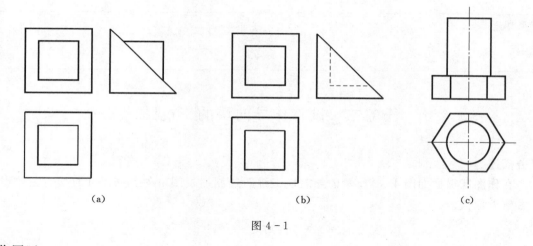

（a）　　　　　　　　　　　（b）　　　　　　　　　（c）

图 4-1

作图区：

项 目 任 务 自 我 评 价

你对自己完成任务的总体评价并说明理由	☐ 很满意	☐ 满意	☐ 不满意

你对自己完成任务情况的评价：

作图方法： ☐ 低于标准 ☐ 达到标准 ☐ 高于标准
作图速度： ☐ 低于标准 ☐ 达到标准 ☐ 高于标准
作图质量： ☐ 低于标准 ☐ 达到标准 ☐ 高于标准

你成功地完成了任务吗？如何证明？如果不成功，原因是什么？

教师评语

任务二　试着作导向块的三视图

任务描述

在作图区根据如图4-2所示的导向块三维图绘制三视图，各方向尺寸直接在三维图上量取近似值。

图 4 - 2

作图区：

任务提示

　　导向块三视图见图 4 - 3 所示。

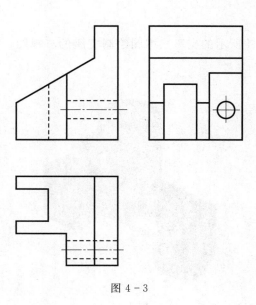

图 4 - 3

项目任务自我评价

你对自己完成任务的总体评价并说明理由	□ 很满意	□ 满意	□ 不满意

你对自己完成任务情况的评价：

作图方法： 　□ 低于标准 　　　□ 达到标准 　　　□ 高于标准

作图速度： 　□ 低于标准 　　　□ 达到标准 　　　□ 高于标准

作图质量： 　□ 低于标准 　　　□ 达到标准 　　　□ 高于标准

你成功地完成了任务吗？如何证明？如果不成功，原因是什么？

教师评语

任务三 试着作支座的三视图

任务描述

　　在作图区按如图4-4所示的支座三维图绘制支座的三视图，各方向尺寸直接在三维图上量取近似值。

图4-4

作图区：

任务提示

支座三视图如图 4-5 所示。

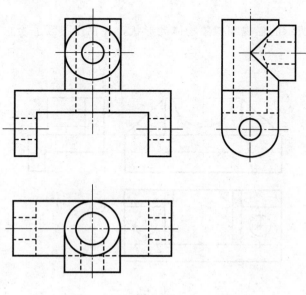

图 4-5

项目任务自我评价

你对自己完成任务的总体评价并说明理由	□ 很满意	□ 满意	□ 不满意

你对自己完成任务情况的评价：

作图方法：　　　　□ 低于标准　　　　□ 达到标准　　　　□ 高于标准

作图速度：　　　　□ 低于标准　　　　□ 达到标准　　　　□ 高于标准

作图质量：　　　　□ 低于标准　　　　□ 达到标准　　　　□ 高于标准

你成功地完成了任务吗？如何证明？如果不成功，原因是什么？

教师评语

任务四　试着根据物体的三视图想象其形状

任务描述

　　按照如图 4-6 所示的三视图想象物体的形状，并在作图区手绘立体草图。

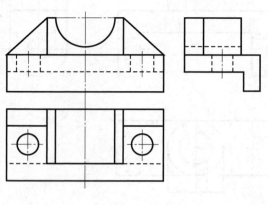

图 4-6

作图区：

任务提示

　　支座各部分形体如图 4 - 7 所示。

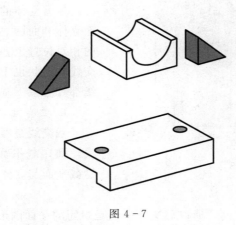

图 4 - 7

项 目 任 务 自 我 评 价

你对自己完成任务的总体评价并说明理由	□ 很满意	□ 满意	□ 不满意
你对自己完成任务情况的评价： 作图方法：　　　　　□ 低于标准 作图速度：　　　　　□ 低于标准 作图质量：　　　　　□ 低于标准	□ 达到标准 □ 达到标准 □ 达到标准	□ 高于标准 □ 高于标准 □ 高于标准	
你成功地完成了任务吗？如何证明？如果不成功，原因是什么？			
教师评语			

相 关 基 础 知 识

一、截交线

（一）截交线的有关概念及性质

如图 4-8 所示，正六棱柱被平面 P 截为两部分，其中用来截切立体的平面称为截平面；立体被截切后的部分称为截切体；立体被截切后的断面称为截断面；截平面与立体表面的交线称为截交线。

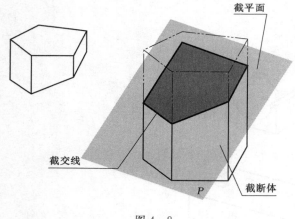

图 4-8

尽管立体的形状不尽相同，分为平面立体和曲面立体，截平面与立体表面的相对位置也各不相同，由此产生的截交线的形状也千差万别，但所有的截交线都具有以下基本性质。

1. 共有性

截交线是截平面与立体表面的共有线，既在截平面上，又在立体表面上，是截平面与立体表面共有点的集合。

2. 封闭性

由于立体表面是有范围的，所以截交线一般是封闭的平面图形（平面多边形或曲线）。根据截交线的性质，求截交线，就是求出截平面与立体表面的一系列共有点，然后依次连接即可。求截交线的方法，既可利用投影的积聚性直接作图，也可通过作辅助线的方法求出。

（二）平面截切体

由平面立体截切得到的截切体，称为平面截切体。

因为平面立体的表面由若干平面围成，所以平面与平面立体相交时的截交线是一个封闭的平面多边形，多边形的顶点是平面立体的棱线与截平面的交点，多边形的每条边是平面立体的棱面与截平面的交线。因此求作平面立体上的截交线，可以归纳为以下两种方法。

1. 交点法

即先求出平面立体的各棱线与截平面的交点，然后将各点依次连接起来，即得截交线。

连接各交点的原则如下：只有两点在同一个表面上时才能连接，可见棱面上的两点用实线连接，不可见棱面上的两点用虚线连接。

2. 交线法

即求出平面立体的各表面与截平面的交线。

一般常用交点法求截交线的投影。两种方法不分先后，可配合运用。

求平面立体截交线的投影时，要先分析平面立体在未截割前的形状是怎样的，它是怎样被截割的，以及截交线有何特点等，然后再进行作图。具体应用时通常利用投影的积聚性辅助作图。

【例 4 - 1】 如图 4 - 9（a）所示，求作五棱柱被正垂面 P_V 截断后的投影。

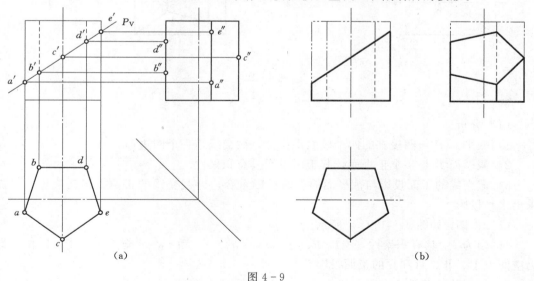

图 4 - 9

解：

（1）分析。截平面与五棱柱的五个侧棱面均相交，与顶面不相交，故截交线为五边形 *ABCDE*。

（2）作图，如图 4 - 9（a）所示。

1）由于截平面为正垂面，故截交线的 V 面投影 $a'b'c'd'e'$ 已知；于是截交线的 H 面投影 $abcde$ 亦确定。

2）运用交点法，依据"主、左视图高平齐"的投影关系，作出截交线的 W 面投影 $a''b''c''d''e''$。

3）五棱柱截去左上角，截交线的 H 面和 W 面投影均可见。截去的部分，棱线不再画出，但有侧棱线未被截去的一段，在 W 面投影中应画为虚线。

（3）检查、整理、描深图线，完成全图，如图 4-9（b）所示。

【例 4-2】 求作正垂面 P_V 截割四棱锥 $S-ABC$ 所得的截交线，如图 4-10（a）所示。

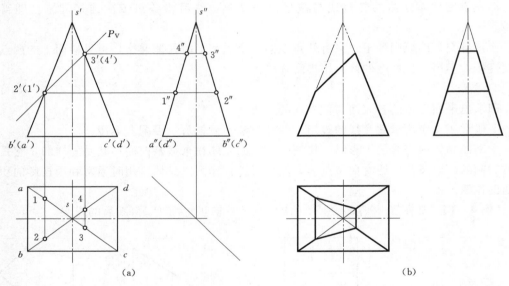

图 4-10

解：

（1）分析。

1）截平面 P 与四棱锥的四个棱面都相交，截交线是一个四边形。

2）截平面 P 是一个正垂面，其正面投影具有积聚性。

3）截交线的正面投影与截平面的正面投影重合，即截交线的正面投影已确定，只需求出水平投影。

（2）作图，如图 4-10（a）所示。

1）因为 P_V 具有积聚性，所以 P_V 与 $s'a'$、$s'b'$、$s'c'$ 和 $s'd'$ 的交点 $1'$、$2'$、$3'$ 和 $4'$ 即为空间点 Ⅰ、Ⅱ、Ⅲ 和 Ⅳ 的正面投影。

2）利用从属关系，向下引铅垂线求出相应的点 1、2、3 和 4。

3）四边形 1234 为截交线的水平投影。线段 $1'2'3'4'$ 为截交线的正面投影。各投影均可见。

（3）检查、整理、描深图线，完成全图，如图 4-10（b）所示。

【例 4-3】 如图 4-11（a）所示，求作铅垂面 Q 截割正三棱锥 $S-ABC$ 所得的截交线。

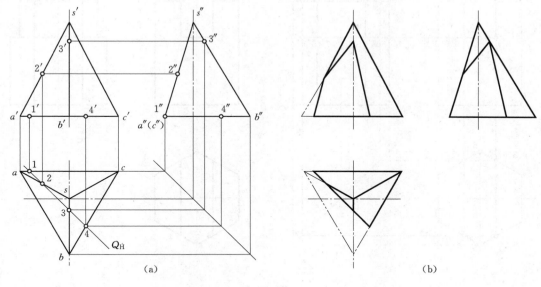

图 4 – 11

解：

（1）分析。

1）截平面 Q_H 与正三棱锥的三个棱面、一个底面都相交，截交线是一个四边形。

2）截平面 Q_H 是一个铅垂面，其水平投影具有积聚性。

3）截交线的水平投影与截平面的水平投影重合，即截交线的水平投影已确定，只需求出正面投影。

（2）作图，如图 4 – 11（a）所示。

1）因为 Q_H 具有积聚性，所以 Q_H 与 ac、sa、sb 和 bc 的交点 1、2、3 和 4 即为空间点 Ⅰ、Ⅱ、Ⅲ 和 Ⅳ 的水平投影。

2）利用从属关系，向上引铅垂线求出相应的点 $1'$、$2'$、$3'$ 和 $4'$。

3）连接 $1'2'3'4'$，四边形 $1'2'3'4'$ 为截交线的正面投影，线段 1234 为截交线的水平投影。

（3）检查、整理、描深图线，完成全图，如图 4 – 11（b）所示。

【例 4 – 4】 如图 4 – 12（a）所示，已知带有缺口的正六棱柱的 V 面投影，求其 H 面和 W 面投影。

解：

（1）分析。

1）从给出的 V 面投影可知，正六棱柱的缺口是由两个侧平面和一个水平面截割正六棱柱而形成的。只要分别求出三个平面与正六棱柱的截交线以及三个截平面之间的交线即可。

2）这些交线的端点的正面投影为已知，只需补出其余投影。

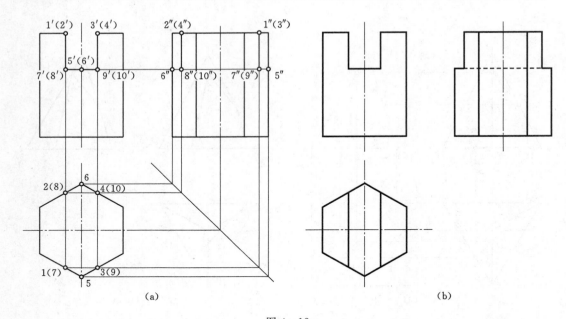

图 4 - 12

3）Ⅰ、Ⅱ、Ⅶ、Ⅷ四点是左边的侧平面与立体相交得到的点，Ⅲ、Ⅳ、Ⅸ、Ⅹ是右边的侧平面与立体相交得到的点，Ⅴ、Ⅵ两点为前后棱线与水平面相交得到上的点，其中点Ⅶ、Ⅷ确定的直线和点Ⅸ、Ⅹ确定的直线又分别是左右两侧平面与水平面相交所得的交线。

（2）作图，如图 4 - 12（a）所示。

1）利用棱柱各侧棱面的积聚性、点与直线的从属性及"主、左视图高平齐"的投影关系依次作出各点的三面投影。

2）连接各点。将在同一棱面又在同一截平面上的相邻点的同面投影相连。

3）判别可见性。只有 7″8″、9″10″交线不可见，画成虚线。

（3）检查、整理、描深图线，完成全图，如图 4 - 12（b）所示。

（三）曲面截切体

由曲面立体截切得到的截切体，称为曲面截切体。

平面与曲面立体相交，所得的截交线一般为封闭的平面曲线。截交线上的每一点，都是截平面与曲面立体表面的共有点。求出足够的共有点，然后依次连接起来，即得截交线。截交线可以看作截平面与曲面立体表面上交点的集合。

求曲面立体截交线的问题实质上是在曲面上定点的问题，基本方法有素线法、纬圆法和辅助平面法。当截平面为投影面垂直面时，可以利用投影的积聚性来求点，当截平面为一般位置平面时，需要通过所选择的素线或纬圆作辅助平面来求点。

1．圆柱上的截交线

平面与圆柱面相交，根据截平面与圆柱轴线相对位置的不同，所得的截交线有三种情况见表 4 - 1。

表 4 - 1   **圆 柱 上 的 截 交 线**

截平面的位置	截平面与圆柱轴线平行	截平面与圆柱轴线倾斜	截平面与圆柱轴线垂直
	矩形	椭圆	圆
截交线空间形状		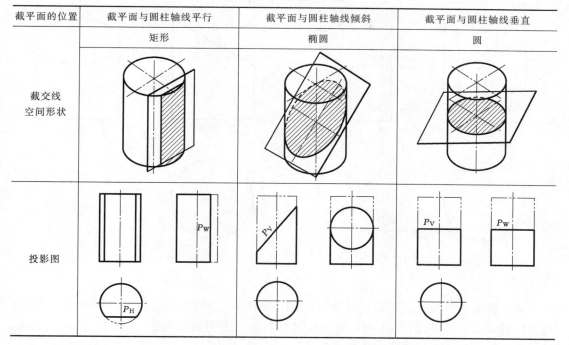	
投影图			

【例 4 - 5】 如图 4 - 13 （a） 所示，求正垂面与圆柱的截交线。

解：

（1）分析。

1）圆柱轴线垂直于 H 面，其水平投影积聚为圆。

2）截平面 P 为正垂面，与圆柱轴线斜交，交线为椭圆。椭圆的长轴垂直于 V 面，短轴平行于 V 面。椭圆的 V 面投影成为一条直线，与 P_V 重合。椭圆的 H 面投影，落在圆柱面的同面投影上而成为一个圆，故只需作图求出截交线的 W 面投影。

（2）作图，如图 4 - 13 （a） 所示。

1）求特殊点。这些点包括轮廓线上的点，特殊素线上的点，极限点以及椭圆长、短轴的端点。

最左点Ⅰ（也是最低点）、最右点Ⅲ（也是最高点）、最前点Ⅱ和最后点Ⅳ，它们分别是轮廓线上的点，又是椭圆长、短轴的端点，可以利用投影关系，直接求出其水平投影和侧面投影。

2）求一般点。为了作图准确，在截交线上特殊点之间选取一些一般位置点。图中选取了Ⅴ、Ⅵ、Ⅶ、Ⅷ四个点，由水平投影 5、6、7、8 和正面投影 $5'$、$6'$、$7'$、$8'$，求出侧面投影 $5''$、$6''$、$7''$、$8''$。

3）连点。将所求各点的侧面投影顺次光滑连接，即为椭圆形截交线的 W 面投影。

4）判别可见性。由图 4 - 13 可知截交线的侧面投影均为可见。

（3）检查、整理、描深图线，完成全图，如图 4 - 13 （b） 所示。

从上面例题看出，截交线椭圆在平行于圆柱轴线但不垂直于截平面的投影面上的投影

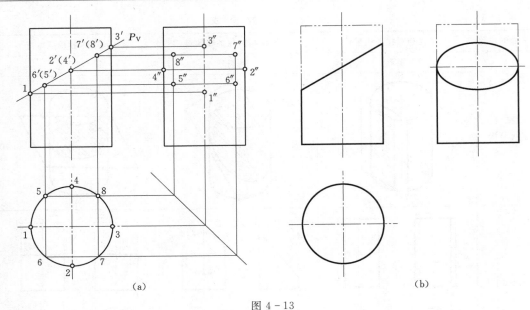

图 4-13

一般仍是椭圆。椭圆长、短轴在该投影面上的投影，仍为椭圆投影的长、短轴。当截平面与圆柱轴线的夹角 α 小于 45°时，椭圆长轴的投影，变为椭圆投影的短轴。当 $\alpha=45$°时，椭圆的投影成为一个与圆柱底圆相等的圆。

2. 圆锥上的截交线

当平面与圆锥截交时，根据截平面与圆锥轴线相对位置的不同，可产生五种不同形状的截交线，见表 4-2。

表 4-2 圆锥上的截交线

截平面的位置	截平面过圆锥的锥顶	截平面与圆锥轴线垂直	截平面与圆锥轴线倾斜	截平面与圆锥轴线平行	截平面与圆锥轴线倾斜且与一条素线平行
	三角形	圆	椭圆	双曲线	抛物线
截交线空间形状					
投影图					

90

平面截割圆锥所得的截交线有圆、椭圆、抛物线和双曲线，统称为圆锥曲线。当截平面倾斜于投影面时，椭圆、抛物线、双曲线的投影，一般仍为椭圆、抛物线和双曲线，但有变形。圆的投影为椭圆，椭圆的投影亦可能成为圆。

【例 4 - 6】 如图 4 - 14（a）所示，已知圆锥的三面投影和正垂面 P 的投影，求截交线的投影及实形。

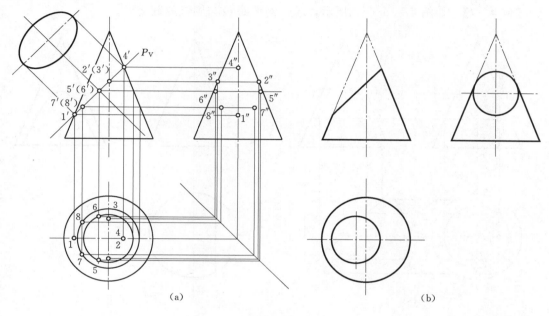

(a) (b)

图 4 - 14

解：

（1）分析。

1）因截平面 P 是正垂面，P 面与圆锥的轴线倾斜并与所有素线相交，故截交线为椭圆。

2）P_V 面与圆锥最左、最右素线的交点，即为椭圆长轴的端点Ⅰ、Ⅳ，即椭圆长轴平行于 V 面，椭圆短轴Ⅴ、Ⅵ垂直于 V 面，且平分Ⅰ、Ⅳ。

3）截交线的 V 面投影重合在 P_V 上，H 面投影、W 面投影仍为椭圆，椭圆的长、短轴仍投影为椭圆投影的长、短轴。

（2）作图，如图 4 - 14（a）所示。

1）求长轴端点。在 V 面上，P_V 与圆锥的投影轮廓线的交点，即为长轴端点的 V 面投影 $1'$、$4'$；Ⅰ、Ⅳ的 H 面投影 1、4 在水平中心线上，14 就是投影椭圆的长轴。

2）求短轴端点。椭圆短轴Ⅴ、Ⅵ的投影 $5'$、$(6')$ 必积聚在 $1'4'$ 的中点；过 $5'$、$(6')$ 作纬圆求出水平投影 5、6，之后求出 $5''$、$6''$。

3）求最前、最后素线与 P 面的交点Ⅱ和Ⅲ。在 P_V 与圆锥正面投影的轴线交点处得 $2'$、$(3')$，向右得到其侧面投影 $2''$、$3''$，向下得到 2、3。

4）求一般点Ⅶ、Ⅷ。先在 V 面定出点 $7'$、$(8')$，再用纬圆法求出 7、8，并进一步求出 7″、8″。

5）连接各点并判别可见性。在 H 面投影中依次连接各点，即得椭圆的 H 面投影；同理得出椭圆的 W 面投影。

6）求截面的实形（略）。

（3）检查、整理、描深图线，完成全图，如图 4 - 14（b）所示。

【例 4 - 7】 如图 4 - 15（a）所示，求作侧平面 Q 与圆锥的截交线。

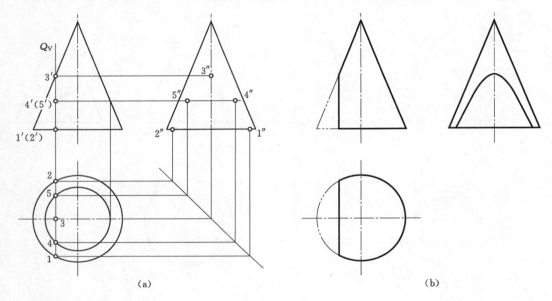

（a）　　　　　　　　　　　　　　　　（b）

图 4 - 15

解：

（1）分析。

1）因截平面 Q 与圆锥轴线平行，故截交线是双曲线。

2）截交线的正面投影和水平投影都因积聚性重合于 Q 的同面投影上。

3）截交线的侧面投影反映实形。

（2）作图，如图 4 - 15（a）所示。

1）在 Q_V 与圆锥正面投影左边轮廓线的交点处，得到截交线最高点Ⅲ的投影 $3'$，进一步得到 3、3″。

2）在 Q_V 与圆锥底面正面投影的交点处，得到截交线最低点Ⅰ和Ⅱ的投影 $1'$、$(2')$，进一步得到 1、2、1″、2″。

3）用素线法求出一般点Ⅳ、Ⅴ的各投影。

4）顺次连接 2″5″3″4″1″。

5）各面投影均可见。

（3）检查、整理、描深图线，完成全图，如图 4 - 15（b）所示。

3. 球上的截交线

球体上的截面不论其角度如何，所得截交线的形状都是圆。截平面距球心的距离决定截交圆的大小，经过球心的截交圆是最大的截交圆。

当截平面与水平投影面平行时，其水平投影是圆，反映实形，其正面投影和侧面投影都积聚为一条水平直线；当截平面与 V 面（或 W 面）平行时，则截交线在相应投影面上的投影是圆，其他两投影是直线；如果截平面倾斜于投影面，则在该投影面上的投影为椭圆，如图 4-16 所示，其上各点的投影可自行分析。

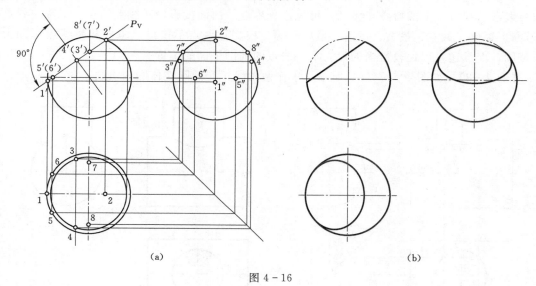

图 4-16

二、相贯线

（一）相贯线的有关概念及性质

两立体相交得到的立体称为相贯体，两立体因相贯表面产生的交线称为相贯线。相贯线的形状取决于两相交立体的形状、大小及其相对位置。本节仅讨论几种常见的回转体相贯的问题。两回转体相交得到的相贯线，具有以下性质。

（1）相贯线是相交两立体表面共有的线，是两立体表面一系列共有点的集合，同时也是两立体表面的分界线。

（2）由于立体占有一定的空间范围，所以相贯线一般是封闭的空间曲线。

根据相贯线的性质，求相贯线，可归纳为求出相交两立体表面上一系共有点的问题。求相贯线的方法，可用表面取点法。

相贯线可见性的判断原则是：相贯线同时位于两个立体的可见表面上时，其投影才是可见的；否则就不可见。

（二）两曲面立体表面的相贯性

两曲面立体表面的相贯线，一般是封闭的空间曲线，特殊情况下可能为平面曲线或直线。组成相贯线的所有相贯点，均为两曲面体表面的共有点。因此求相贯线时，要先求出一系列的共有点，然后依次连接各点，即得相贯线。

求相贯线的方法通常有以下两种。

（1）积聚投影法——相交两曲面体，如果有一个表面投影具有积聚性，就可利用该曲面体投影的积聚性作出两曲面的一系列共有点，然后依次连成相贯线。

（2）辅助平面法——根据三面共点原理，作辅助平面与两曲面相交，求出两辅助截交线的交点，即为相贯点。

选择辅助平面的原则是：辅助平面与两曲面的截交线（辅助截交线）的投影都应是最简单易画的直线或圆。因此在实际应用中往往多采用投影面的平行面作为辅助平面。

在解题过程中，为了使相贯线的作图清楚、准确，在求共有点时，应先求特殊点，再求一般点。相贯线上的特殊点包括：可见性分界点，曲面投影轮廓线上的点，极限位置点（最高、最低、最左、最右、最前、最后）等。根据这些点不仅可以掌握相贯线投影的大致范围，而且还可以比较恰当的设立求一般点的辅助平面的位置。

【例 4-8】 如图 4-17（a）所示，求作两轴线正交的圆柱体的相贯线。

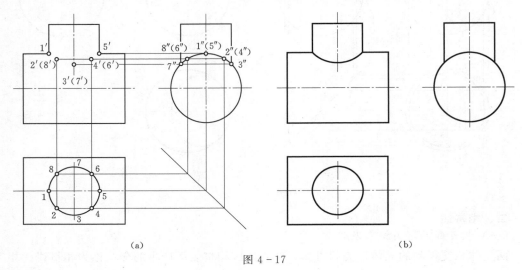

（a）　　　　　　　　　　　　　　　　（b）

图 4-17

解：

（1）分析。两圆柱相交时，根据两轴线的相对位置关系，可分为三种情况：正交（两轴线垂直相交）、斜交（两轴线倾斜相交）、侧交（两轴线垂直交叉）。

1）根据两立体轴线的相对位置，确定相贯线的空间形状。

由图 4-17 可知，两个直径不同的圆柱垂直相交，大圆柱为水平位置，小圆柱为铅垂位置，小圆柱由左至右完全贯入大圆柱，所得相贯线为一组封闭的空间曲线。

2）根据两立体与投影面的相对位置确定相贯线的投影。

相贯线的侧面投影积聚在大圆柱的侧面投影上（即小圆柱侧面投影轮廓之间的一段大圆弧），相贯线的水平投影积聚在小圆柱的水平投影上（整个圆）。因此，余下的问题只是根据相贯线的已知两投影求出它的正面投影。

（2）作图，如图 4-17（a）所示。

1）求特殊点。正面投影中两圆柱投影轮廓相交处的 1′、5′ 两点分别是相贯线上的最左、最右点（同时也是最高点），它们的水平投影落在小圆柱的最左、最右两边素线的水平投影上，1″、5″重影。3、7 两点分别位于小圆柱的水平投影的圆周上，它们是相贯线上的最前点和最后点，也是相贯线上最低位置的点。可先在小圆柱和大圆柱侧面投影轮廓的交点处定出 3″ 和 7″，然后再在正面投影中找到 3′ 和 7′（前、后重影）。

2）求一般点。在小圆柱侧面投影（圆弧）上的几个特殊点之间，选择适当的位置取几个一般点的投影，如：2″、4″、6″、8″等，再按投影关系找出各点的水平投影 2、4、6、8，最后作出它们的正面投影 2′、4′、6′、8′。

3）连点并判别可见性。连接各点成相贯线时，应沿着相贯线所在的某一曲面上相邻排列的素线（或纬圆）顺序光滑连接。

（3）检查、整理、描深图线，完成全图，如图 4-17（b）所示。

【例 4-9】 如图 4-18（a）所示，求圆柱与圆锥的相贯线。

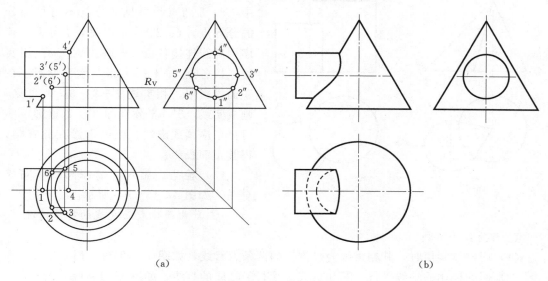

图 4-18

解：

（1）分析。

1）根据两立体轴线的相对位置，确定相贯线的空间形状。圆柱与圆锥正交，它们的轴线互为垂线且相交，因此相贯线为一曲线。

2）根据两立体与投影面的相对位置，确定相贯线的投影。圆柱体的侧面投影积聚为圆，相贯线的侧面投影与其重合，只需求出相贯线的正面与水平投影即可。

3）辅助平面的选择。若以水平面为辅助平面，所得到的辅助交线为两条直线和一个水平圆，圆柱的辅助交线为两条直线，而圆锥的辅助交线为一水平圆，它们都随辅助平面位置高低的不同而位置或大小不同；若以过锥顶的铅垂面为辅助平面，所得辅助交线为素线。

（2）作图，如图 4-18（a）所示。

1）求特殊点。

a. 求最低点。直接在正面投影中找出两回转体轮廓素线的交点 1′，同时，该点也是最左点，并作出它们的水平投影和侧面投影。

b. 求最高点。直接在正面投影中找出两回转体轮廓素线的交点 4′，同时，该点也是最右点，并作出它们的水平投影和侧面投影。

c. 求最前、最后点。在水平投影中，圆柱面的最前素线与圆锥面的交点是相贯线的最前点 3，最后素线与圆锥面的交点是相贯线的最后点 5，过 3、5 直接向上作竖直线交圆柱的轴线于 $3'$、$(5')$ 得其正面投影，它们是重影点，再作出其侧面投影。

2）求一般点。作水平辅助面 R_V，与两立体的截交线的侧面投影相交于点 $2''$、$6''$，进一步用辅助圆法（纬圆法）求出其水平投影，进一步求出其正面投影。应用此法，可求出其他的一般位置点。

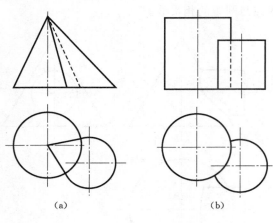

(a)   (b)

图 4-19

3）连线并判别可见性。在水平投影中，3、5 两点是可见部分与不可见部分的分界点，1、2、6 不可见，4 可见，顺序用虚线连接各点 5-6-1-2-3，用实线连接各点 5-4-3，得其水平投影。在正面投影中，相贯线 $1'-2'-3'-4'$ 可见，画成实线，$5'$、$6'$ 分别和 $3'$、$2'$ 重影，不可见，应画成虚线，但因重影在此省略，得其正面投影。

（3）检查、整理、描深图线，完成全图，如图 4-18（b）所示。

（三）曲面体表面交线的特殊情况

1. 相贯线为直线

（1）两锥体共顶时，其相贯线为过锥顶的两条直素线，如图 4-19（a）所示。

（2）两圆柱体的轴线平行，其相贯线为平行于轴线的直线，如图 4-19（b）所示。

2. 相贯线为平面曲线

（1）两同轴回转体，其相贯线为垂直于轴线的圆。

如图 4-20（a）所示为圆柱与圆台相贯，其相贯线为圆，正面投影积聚为一直线。如图 4-20（b）所示为圆柱与球体的相贯线，其侧面投影积聚在圆柱的侧面投影上。

（2）具有公共内切球的两回转体相交时，其相贯线为平面曲线。

如图 4-20（c）所示为两圆柱直径相等且轴线相交（即两圆柱面内切于同一球面）时的情况，如果轴线是正交的，它们的相贯线是两个大小相等的椭圆；如果轴线是斜交的，它们的相贯线为两个长轴不等但短轴相等的椭圆。由于两圆柱的轴线均平行于 V 面，故两椭圆的 V 面投影积聚为相交的两直线。

如图 4-20（d）所示为圆柱与圆锥内切于同一球面且轴线相交时，如果轴线是正交的，它们的相贯线是两个大小相等的椭圆；如果轴线是斜交的，它们的相贯线是两个大小不等的椭圆。

这种有公共内切球的两圆柱、圆锥等的相贯，还常应用于管道的连接。

（四）过渡线

在锻件和铸件中，由于工艺上的要求，在零件的表面相交处常用一个曲面光滑地过渡，这个过渡曲面称为圆角。由于圆角的存在，使得零件表面的相贯线不是很明显，但为了区分不同形体的表面，仍需要画出这些交线，这种线称为过渡线。

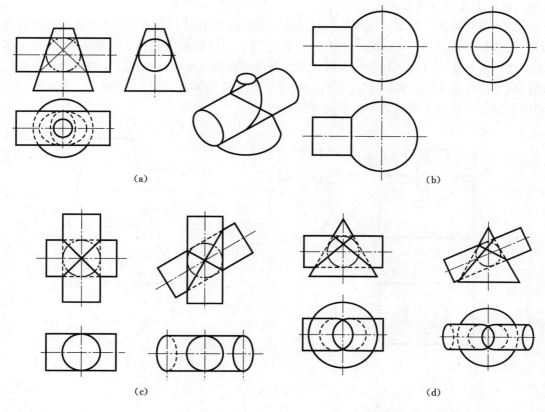

图 4 - 20

　　过渡线的画法与相贯线的画法一样。但过渡线不与圆角的轮廓素线接触，只画到两立体表面轮廓素线的理论交点处，如图 4 - 21 所示。

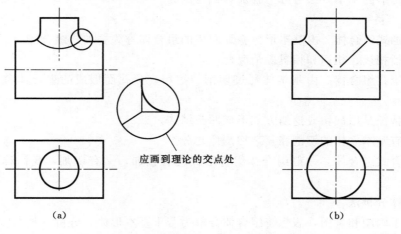

应画到理论的交点处

图 4 - 21

（五）相贯线的简化画法

为了简化作图，国家标准规定：在不致引起误解的情况下，图形中的相贯线和过渡线可以用近似画法，如图4-22（a）所示，也可以采用模糊画法画出，如图4-22（b）所示。当两圆柱正交且直径相差较大时，其相贯线的投影可采用近似画法，具体画法是：以两圆柱中半径较大的圆柱的半径为半径画出一段圆弧即可，如图4-22（a）所示；但当两圆柱的直径相差不大时，不宜采用这种方法。

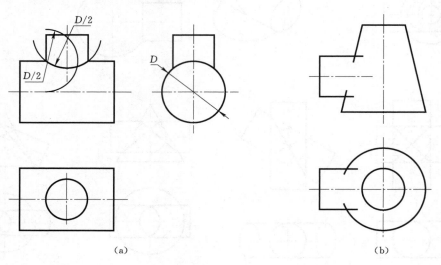

（a）　　　　　　　　　　　　　　　　　　（b）

图4-22

三、组合体概念及类型

1. 概念

由两个或两个以上基本形体组合而成的形体称为组合体。

组合体构形的基本方法可分为叠加和截切两类。

2. 组合体类型

（1）叠加式组合体。由基本形体叠加而成的组合体称为叠加式组合体。

叠加包括相接、相切和相贯等情况。

（2）切割式组合体。由基本体经过切割、挖切、穿孔而形成的组合体称为切割式组合体。

其主要特征是用截切或挖切方式形成凹凸结构。

切割体有基本立体的切割和复杂切割体之分。

（3）综合式组合体。一般组合体组合形式既有叠加，又有切割，我们称为综合式组合体。

四、形体分析法

为了便于画图和看图，假想将组合体分解为若干基本形体，分析各基本体的形状、组合形式和相对位置，弄清组合体的形体特征的方法称为形体分析法。

具体包括以下内容。

（1）组合体有哪几部分组成。

（2）各部分间的位置关系。

（3）各部分间的接触方式。

五、应用形体分析法作图的步骤

1. 形体分析

拿到组合体实物后，首先应对它进行形体分析，看清楚其各面的形状，并根据其结构特点，想一想大致可以分成几个组成部分，它们之间的相对位置关系如何，以及采用了什么样的组合形式等。

2. 选择视图

主视图是表达组合体的一组视图中最主要的视图。通常要求主视图能较多地反映物体的形体特征，即反映各组成部分的形状特点和相互位置关系。

在组合体形状表达完整、清晰的前提下，其视图数量越少越好。

3. 选择比例，确定图幅

视图确定以后，要根据组合体的大小和复杂程度，选定作图比例和图幅。所选的图幅要比绘制视图所要的面积大一些，以便标注尺寸和画标题栏。

布图时，应将视图均匀地布置在幅面上，视图间的空档应保证能注全所需的尺寸。

4. 画底图

画图的先后顺序，一般应从形状特征明显的视图入手。先画主要部分，后画次要部分；先画看得见的部分，后画看不见的部分；先画圆或圆弧，后画直线。

画图时，形体的每一组成部分，最好是三个视图配合着画。

5. 检查描深

底图完成后，在三视图中依次核对各组成部分的投影关系正确与否；分析相邻两形体结合处的画法有无错误，是否多线、漏线；再以实物或轴测图与三视图对照，确认无误后，描深图线，完成全图。

在组合体的三视图绘制中，要引入到形体分析，在绘制三视图时，主视图的选择是关键。画组合体视图时，首先要运用形体分析法将组合体分解为若干基本形体，分析它们的组合形式和相对位置，判断形体间相邻表面是否处于共面、相切或相交的关系，然后逐个画出各基本形体的三视图。

【例 4-10】 如图 4-23 所示支座：根据形体特点，可将其分解为五部分。

由图 4-23 可看出：肋板的底面与底板的顶面重合，底板的两侧面与圆柱体相切，肋板与支耳的侧面均与圆柱体相交，凸台的轴线与圆柱体的轴线垂直相交，两圆柱的通孔连通。

将支座按自然位置安放后，比较箭头所示两个投射方向，选择 A 向作为主视图的投射方向显然比 B 向好。因为组成支座的基本形体及它们之间的相对位置关系在 A 向表达最清晰，最能反映支座的结构形状特征。

选择好适当比例和图纸幅面，然后确定视图位置，画出各视图主要中心线和基线。按形体分析法，从主要的形体着手，并按各基本形体的相对位置逐个画出它们的三视图，如图 4-24 所示。

画组合体三视图的注意事项如下。

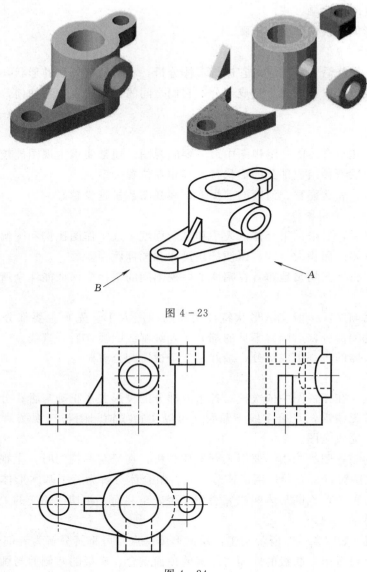

图 4 - 23

图 4 - 24

（1）运用形体分析法，逐个画出各部分基本形体，同一形体的三视图应按投影关系同时进行，而不是先画完组合体的一个视图后再画另一个视图。这样可以减少投影作图错误，也能提高作图速度。

（2）画每一部分基本形体时，应先画反映该部分形状特征的视图。例如圆筒、底板以及耳板等都是在俯视图上反映他们的形状特征，所以应先画俯视图，再画主、左视图。

（3）完成各基本形体的三视图后，应检查形体间表面连接处的投影是否正确。例如底板前后侧面与圆柱表面相切，底板的顶面轮廓线在主视图上应画到切线处；凸台与圆筒相交，在左视图上要画出内、外相关线；耳板前后侧面与圆筒表面相交，要画出

交线，并且耳板顶面与圆筒顶面是共面，不画分界线，但应画出耳板底面与圆柱面的
交线。

六、形体分析法的看图步骤

与组合体的画图一样，组合体看图的基本方法仍然是形体分析法。

运用形体分析法看图的基本要点是：根据投影的形状特征，将其分解成若干部分；分
析各部分的形状、它们之间的位置关系和表面连接关系，想象出物体的空间形状，下面将
结合实例介绍看图的方法和步骤。

如图 4 - 25 所示，从正面投影可以看出物体大致可分为 1、2、3 三个部分。

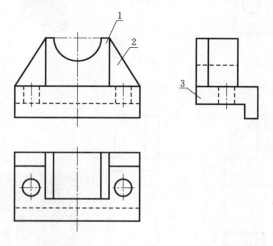

图 4 - 25

如图 4 - 26 所示，从形体 1 的主视图入手，根据三视图的投影规律，可找到俯视图上
和左视图上相对应的投影。可以想象出形体 1 是一个长方体，上部挖了一个半圆槽。

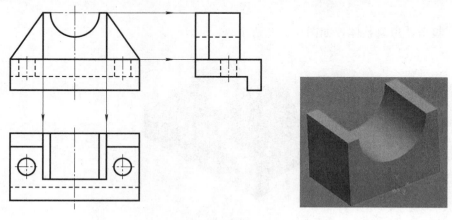

图 4 - 26

如图 4 - 27 所示，找出三角形肋板 2 的其他两个投影。可以想象出它的形状是一块三
角块，左边、右边各一个。

如图 4 - 28 所示，再来看底板 3，俯视图反映了它的形状特征。再配合左视图可以想

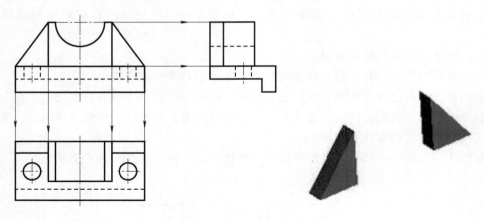

图 4-27

象出它的形状是带弯边的矩形板，上面钻了两个孔。

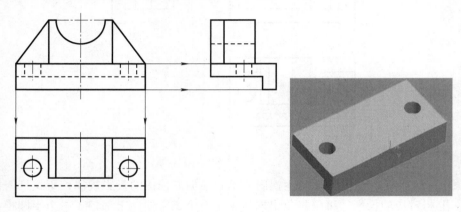

图 4-28

综合起来，想象整体，如图 4-29 所示。

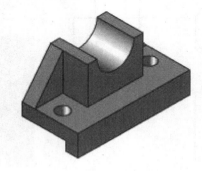

图 4-29

项目五　常见结构的尺寸标注

任务一　试着对常见的平面体进行尺寸标注

任务描述

对下面各基本体进行尺寸标注，直接在图上标注即可。

（1）长方体的尺寸标注（图5-1）。

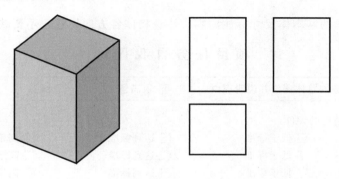

图5-1

（2）六棱柱的尺寸标注（图5-2）。

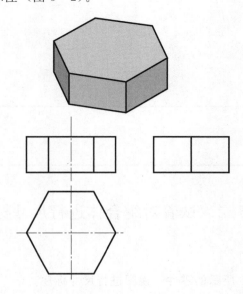

图5-2

（3）圆柱的尺寸标注（图 5-3）。

（4）圆锥的尺寸标注（图 5-4）。

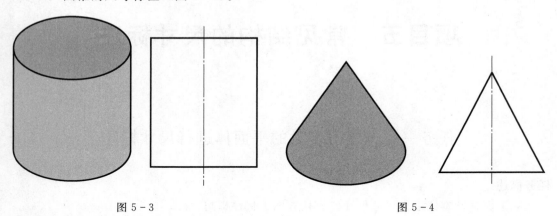

图 5-3　　　　　　　　　　　　　　　　　　　　图 5-4

任务提示

参考前面所学的基本体尺寸标注内容，注意物体各方向尺寸，不要缺失尺寸。

项 目 任 务 自 我 评 价

你对自己完成任务的总体评价并说明理由	□ 很满意	□ 满意	□ 不满意
你对自己完成任务情况的评价： 作图方法：　　　　□ 低于标准 作图速度：　　　　□ 低于标准 作图质量：　　　　□ 低于标准	□ 达到标准 □ 达到标准 □ 达到标准	□ 高于标准 □ 高于标准 □ 高于标准	
你成功地完成了任务吗？如何证明？如果不成功，原因是什么？			
教师评语			

任务二　试着对组合体进行尺寸标注

任务描述

在作图区对如图 5-5 所示的零件三视图进行尺寸标注。

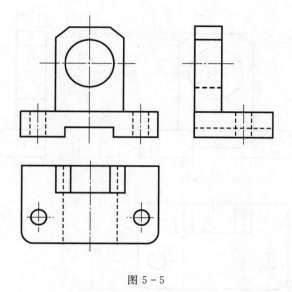

图 5 - 5

作图区：

任务提示

　　支座的尺寸标注如图 5 - 6 所示，另外，标注样式可以有多种，不必局限于如图 5 - 6 所示的样式。

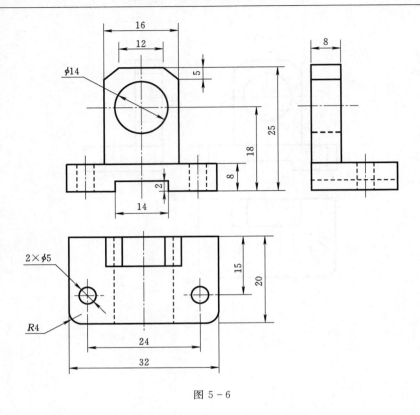

图 5－6

项目任务自我评价

你对自己完成任务的总体评价并说明理由	□ 很满意	□ 满意	□ 不满意
你对自己完成任务情况的评价：			
作图方法：　□ 低于标准	□ 达到标准		□ 高于标准
作图速度：　□ 低于标准	□ 达到标准		□ 高于标准
作图质量：　□ 低于标准	□ 达到标准		□ 高于标准
你成功地完成了任务吗？如何证明？如果不成功，原因是什么？			
教师评语			

相 关 基 础 知 识

　　视图只能表示组合体的形状，而组合体上各形体的真实大小及准确的相对位置，则要靠尺寸来确定。

一、尺寸标注的基本要求

（1）正确。即所注尺寸必须符合国家标准 GB/T 131—2006《机械制图》中有关尺寸注法的规定。

（2）完整。即所注尺寸必须把物体各部分的大小及相对位置完全确定下来，不能多余，但也不能遗漏。

（3）清晰。是指尺寸布局要清晰恰当，既要方便于看图，又要使图面清楚。

二、尺寸的种类

1. 定形尺寸

确定组合体中各个形体的形状及大小的尺寸称为定形尺寸。常见基本形体的定形尺寸数量及标注方法见表 5-1。

表 5-1　　　　常见基本形体的定形尺寸数量及标注方法

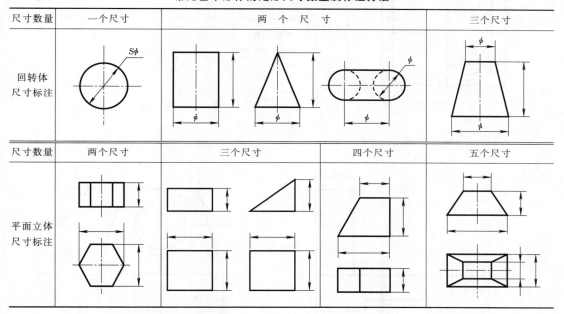

2. 定位尺寸与尺寸基准

确定组合体中各形体之间的相对位置的尺寸称为定位尺寸，如图 5-7 所示的尺寸 18、22。

尺寸标注的起点称为尺寸基准。各形体的定位尺寸一般都应从相应方向的尺寸基准处开始标注。通常以物体上的对称中心线、轴线、较大的平面或较长的轮廓线作为尺寸基准。

3. 总体尺寸

为了解组合体所占空间大小，一般需要标注组合体的外形尺寸，即总长、总宽和总高，称为总体尺寸。有时，各形体的尺寸就反映了组合体的总体尺寸，不必另外标注。否则，就需要对已标注的形体尺寸进行适当的调整，以免出现多余尺寸。

如图 5-8 所示列出了零件上几种常见底板的尺寸注法，因为每块板在左（或右）方向都有回转面，所以各个板的总长尺寸都不必标注。

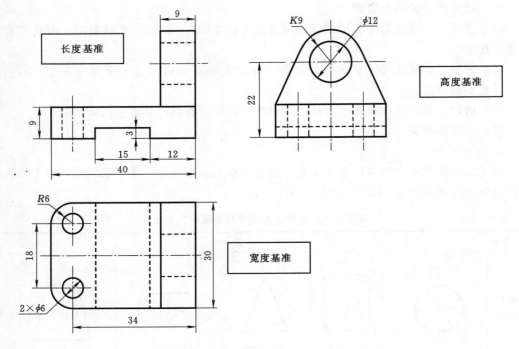

图 5 - 7

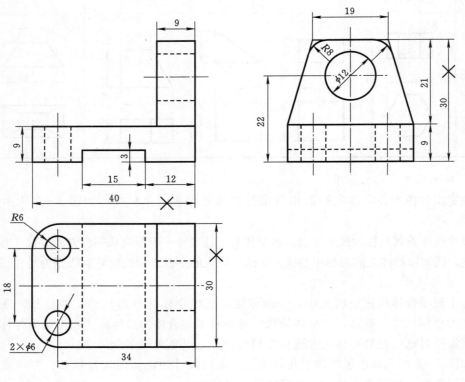

图 5 - 8

当组合体的端部不是平面，而是回转体时，该方向上一般不直接标注总体尺寸，而是标注确定回转面轴线位置的定位尺寸和回转面的定形尺寸，如图 5-9 所示。

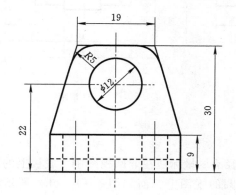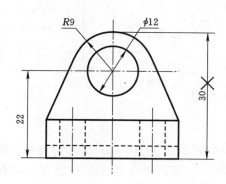

图 5-9

三、清晰标注尺寸的原则及方法

如图 5-10（a）所示，形体的尺寸布置清晰；如图 5-10（b）所示，则形体的尺寸布置不清晰。

（1）每一形体的尺寸，应尽可能集中标注在反映该形体特征最明显的视图上。

（2）尺寸应尽量标注在视图外部。

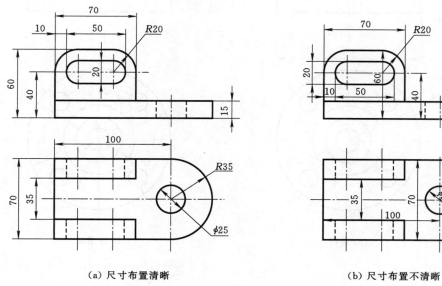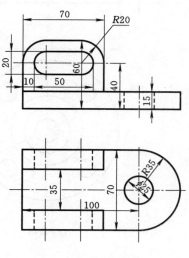

（a）尺寸布置清晰　　　　　　　　　　（b）尺寸布置不清晰

图 5-10

（3）同一方向上连续的几个尺寸尽量布置在一条线上，如图 5-11（b）、（c）所示，而如图 5-11（a）所示标注则不清晰。

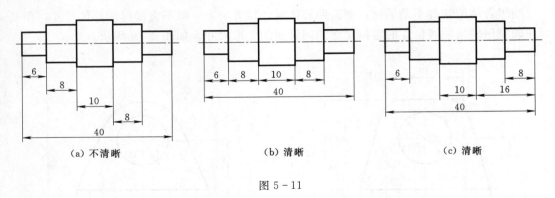

（a）不清晰　　　　　　　（b）清晰　　　　　　　（c）清晰

图 5-11

（4）如图 5-12（a）所示，同轴回转体的直径 ϕ 尽量标注在非圆视图中（底板上的圆孔除外），而圆弧的半径 R 一定要标注在投影为圆的视图上；而如图 5-12（b）所示标注，则不清晰。

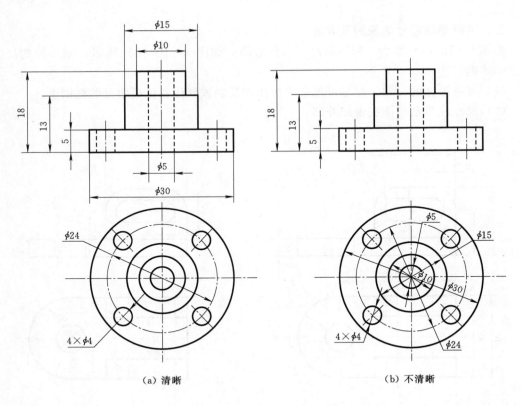

（a）清晰　　　　　　　　　　　（b）不清晰

图 5-12

（5）应尽量避免尺寸线与尺寸线或尺寸界线相交，同一方向的尺寸应按大小顺序，小尺寸在内，大尺寸在外，如图 5-13（a）所示，而如图 5-13（b）所示标注，则不清晰。

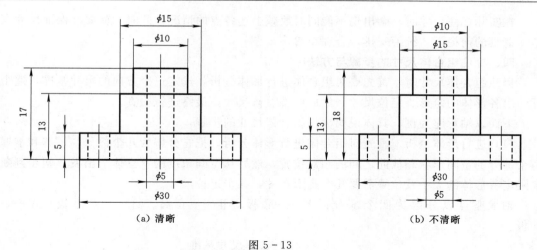

（a）清晰 （b）不清晰

图 5-13

（6）当组合体表面有交线时，不要直接标注交线的大小尺寸，而应标注产生交线的形体或截面的定形及定位尺寸，见表 5-2。

表 5-2 　　　　　　　　　　　　组合体表面有交线时的标注方法

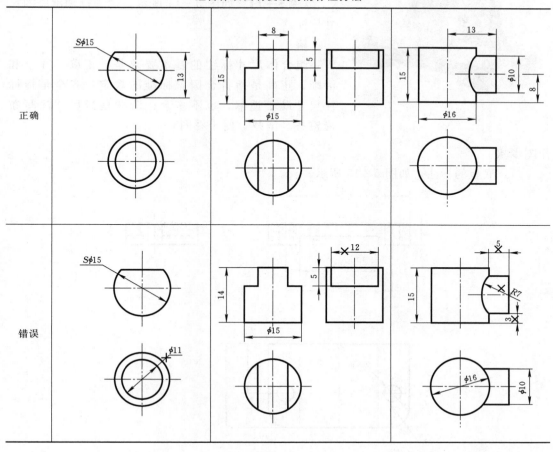

在实际标注尺寸时，会出现不能同时兼顾上述各点的情况，此时，就要在保证尺寸完整、清晰的前提下，统筹安排，合理布置。

四、标注组合体尺寸的步骤与方法

标注组合体尺寸时，首先要对组合体进行形体分析，选定三个方向的尺寸基准，逐个标注出各形体的定形、定位尺寸，然后调整总体尺寸，最终进行检查。

下面以轴承座为例，具体说明标注组合体尺寸的步骤。

（1）进行形体分析。首先对组合体进行形体分析，把它分解为几个部分，了解和掌握各个部分的空间形状和彼此之间的相对位置，然后从空间角度的"立体"出发，初步判断要限定各形体的大小及位置需要几个定形尺寸，几个定位尺寸。

轴承座可以分解为四个部分：Ⅰ——底板、Ⅱ——套筒、Ⅲ——支撑板、Ⅳ——肋板。

图 5 - 14

（2）选择尺寸基准。

（3）逐个标注各形体的定形及定位尺寸。

（4）调整总体尺寸。

（5）检查。

【例 5 - 1】　如图 5 - 14 所示，请进行轴承座的尺寸标注。

解：

组合体尺寸标注的基本要求是：正确、齐全和清晰。正确是指符合国家标准的规定；齐全是指标注尺寸既不遗漏，也不多余；清晰是指尺寸注写布局整齐、清楚，便于看图。

作图步骤

（1）底板的标注，如图 5 - 15 所示。

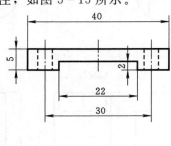

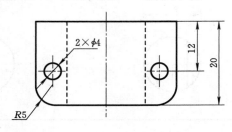

图 5 - 15

（2）圆筒和凸台的标注，如图 5-16 所示。

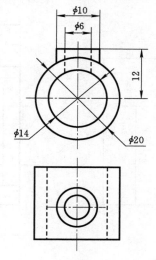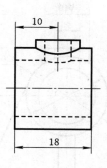

图 5-16

（3）支撑板的标注，如图 5-17 所示。

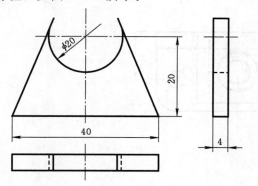

图 5-17

（4）肋板的标注，如图 5-18 所示。

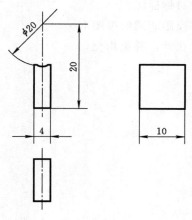

图 5-18

113

（5）最终标注效果，如图 5 - 19 所示。

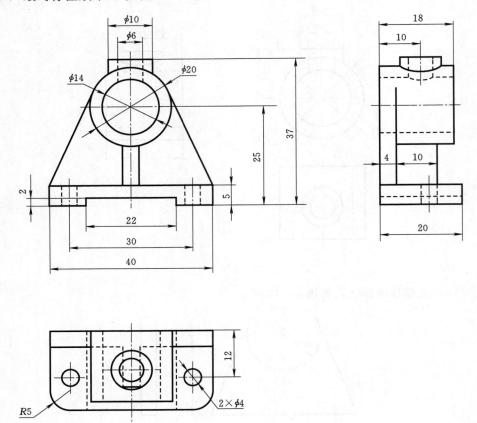

图 5 - 19

注意问题

（1）各尺寸要尽量集中到一个或两个视图上，便于看图。

（2）尺寸避免标注在虚线上。

（3）对称结构尺寸，一般对称标注。

（4）圆的直径一般标注在投影非圆的视图上。

（5）小尺寸在内，大尺寸在外，避免相交。

项目六 典型零件图的识读

任务一 试着读懂齿轮轴零件图各部分的含义

任务描述

读图 6-1 所给出的齿轮轴零件图，说出图中各处的含义，将读出的内容写在作图区。

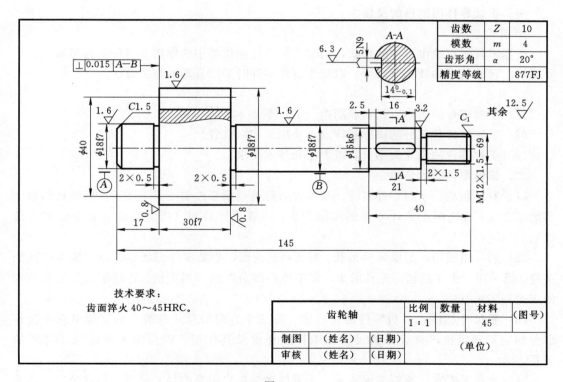

齿数	Z	10
模数	m	4
齿形角	α	20°
精度等级		877FJ

技术要求：
齿面淬火 40～45HRC。

齿轮轴			比例	数量	材料	(图号)
			1：1		45	
制图	(姓名)	(日期)			(单位)	
审核	(姓名)	(日期)				

图 6-1

作图区：

任务提示

一、识读零件图的目的及要求

1. 目的

根据零件图想象出零件的形状，同时弄清零件在机器中的作用、零件的自然概况、尺寸类别、尺寸基准和技术要求等，以便在制造零件时采用合理的加工方法。

2. 要求

(1) 了解零件的名称、材料和用途。

(2) 了解零件各部分结构形状特点、功用、相对位置。

(3) 了解零件的尺寸大小、制造方法和技术要求。

二、识读零件图的步骤

(1) 看标题栏，了解零件概况。从零件名称可判断零件属于哪一类；从零件材料可知其加工方法；从比例可估计零件的实际大小；注意设计日期（因为标注有着很强的时效性）。

(2) 看一组图形，想象零件形状。看懂一组视图，想象零件形状结构是读懂零件图的关键。仍采用"先主后辅，先易后难，先整体后细节"的读图方法。要理解常见工艺结构的用途和表示方法。

(3) 看尺寸标注，分析零件的长、宽、高三个方向的尺寸基准。从基准出发查找各部分的定形和定位尺寸。分析尺寸加工精度要求及其作用，以便深入理解尺寸之间的关系。

(4) 看技术要求，掌握关键质量。关键质量是指要求高的尺寸公差、形状公差、表面粗糙度等技术要求。

归纳总结：综合前面分析，把图形、尺寸、技术要求等全面系统地联系起来思索，并参阅相关资料得出零件整体结构、尺寸大小、技术要求及零件作用等完整的概念。

项目任务自我评价

你对自己完成任务的总体评价并说明理由	□ 很满意	□ 满意	□ 不满意
你对自己完成任务情况的评价： 读图方法： □ 低于标准 □ 达到标准 □ 高于标准 读图速度： □ 低于标准 □ 达到标准 □ 高于标准 读图质量： □ 低于标准 □ 达到标准 □ 高于标准			
你成功地完成了任务吗？如何证明？如果不成功，原因是什么？			
教师评语			

任务二 试着读懂轴的零件图，完成作图区内的问题

任务描述

读懂图 6-2 给出的轴的零件图各处含义，回答作图区给出的问题。

作图区：

1. 该零件的名称_____，材料为_____，表示_____。比例为_____，表示_____。

2. 该零件共用了_____个图形表达其结构，有_____个主视图，采用了_____视图和_____画法，为了表达_____、_____、_____的结构。两个_____图，表示_____结构，一个_____图，表示_____结构。

3. 该零件的轴向主要尺寸基准为_____，径向主要尺寸基准为_____。

4. 该零件有配合要求的轴段有_____、_____、_____。

5. C2 表示_____。

6. 键槽的定位尺寸为_____，长度为_____，宽度为_____，深度为_____，键槽底部的表面粗糙度符号为_____，表示用_____材料的方法获得表面，_____轮廓_____传输带 Ra 的上限值为_____，取样长度为_____评定长度，_____规则。

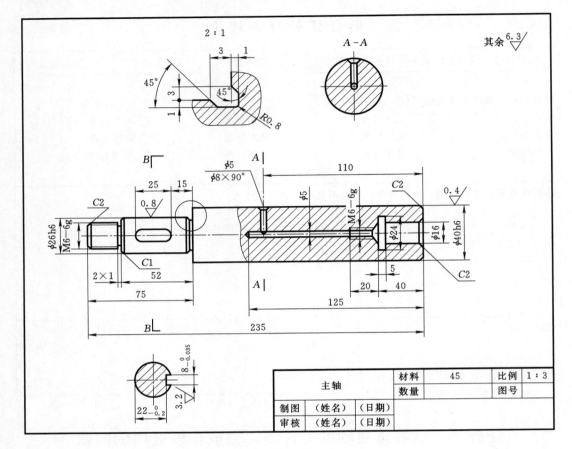

图 6-2

7. φ16 孔 的 定 位 尺 寸 为 _____ , 长 度 为 _____ , 宽 度 为 _____ , 深 度 为 _____ 。

8. φ5 孔 的 定 位 尺 寸 为 _____ 。

9. $\dfrac{\phi 5}{\phi 8 \times 90°}$ 表示 _____ 孔 , 直径 分别 为 _____ , _____ , 孔深 _____ 。

任务提示

轴类零件的特点:

(1) 结构特点。轴类零件的形体特征都多是同轴回转表面,轴的长度一般大于它的直径。轴上常见的结构有越程槽、倒角、圆角、键槽等,轴的主要作用是支撑转动零件和传递转矩。

(2) 主要加工方法为车削、磨削。

(3) 视图表达。主视图按加工位置放置,表达其主体结构。采用断面图、局部剖视图、局部放大图等表达零件的局部结构。

(4) 尺寸标注。以回转轴线作为径向尺寸基准,轴向的主要尺寸基准是重要的端面。主要尺寸要直接注出,其余尺寸按加工顺序标注。

项 目 任 务 自 我 评 价

你对自己完成任务的总体评价并说明理由	□ 很满意	□ 满意	□ 不满意
你对自己完成任务情况的评价： 作图方法： □ 低于标准	□ 达到标准	□ 高于标准	
作图速度： □ 低于标准	□ 达到标准	□ 高于标准	
作图质量： □ 低于标准	□ 达到标准	□ 高于标准	
你成功地完成了任务吗？如何证明？如果不成功，原因是什么？			
教师评语			

任务三 试着读懂套的零件图，完成作图区的问题

任务描述

读图 6 - 3 给出的空心轴的零件图，回答作图区给出的问题。

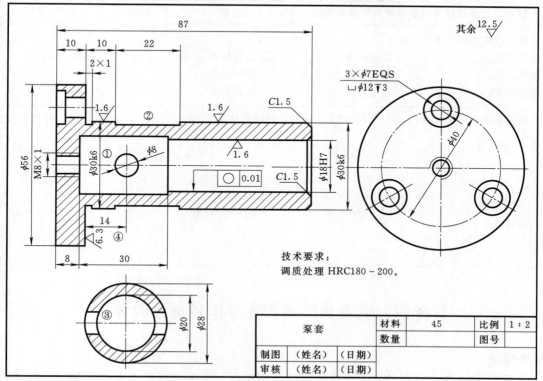

图 6 - 3

作图区：

1. 主视图符合零件的_____位置，采用_____。

2. 套筒左端面有_____个螺孔，公称直径为_____，旋向为_____，螺距为_____，旋螺孔深为_____。

3. 套筒左端距离的距离 φ8 孔的距离是_____，图中标有①处的直径是_____，标有②处线框的定形尺寸是_____，定位尺寸是_____。

4. 图中标有③处的曲线是由_____和_____相交而成的_____线。

5. 图中④处所指表面的粗糙度为_____。

6. 查表确定极限偏差：φ95h6_____　　φ60H7_____。

7. 外圆面 φ132±0.2 最大可加工成_____，最小为_____，公差为_____。

8. $\boxed{\downarrow\ \boxed{\bigcirc\ |\ 0.01}}$ 的含义为_____，○表示_____，0.01 表示_____。

9. φ8 孔的定位尺寸为_____。

10. 该图中技术要求的含义为_____。

11. $\dfrac{3\times\phi7EQS}{\sqcup\phi12\downarrow3}$ 的含义为_____。

项目任务自我评价

你对自己完成任务的总体评价并说明理由	□ 很满意	□ 满意	□ 不满意
你对自己完成任务情况的评价： 读图方法：　　□ 低于标准 读图速度：　　□ 低于标准 读图质量：　　□ 低于标准	□ 达到标准 □ 达到标准 □ 达到标准	□ 高于标准 □ 高于标准 □ 高于标准	
你成功地完成了任务吗？如何证明？如果不成功，原因是什么？			
教师评语			

任务四　试着读懂盘类零件图各部分的含义

任务描述

　　看图 6-4 给出的机件，考虑该机件用全剖视图、半剖视图能否表达清楚，分组讨论应该如何表达才能更清楚，将你的想法写在作图区。

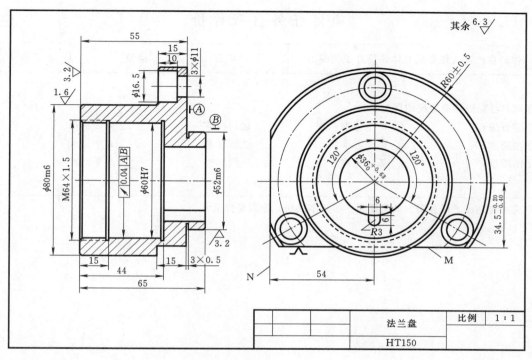

图 6－4

作图区：

项目任务自我评价

你对自己完成任务的总体评价并说明理由	☐ 很满意	☐ 满意	☐ 不满意
你对自己完成任务情况的评价： 作图方法：　　　　　☐ 低于标准　　　　☐ 达到标准　　　　☐ 高于标准 作图速度：　　　　　☐ 低于标准　　　　☐ 达到标准　　　　☐ 高于标准 作图质量：　　　　　☐ 低于标准　　　　☐ 达到标准　　　　☐ 高于标准			
你成功地完成了任务吗？如何证明？如果不成功，原因是什么？ 			
教师评语 			

任务五 试着读懂盖的零件图各部分的含义

任务描述

读懂图 6-5 给出的盖的零件图，将读到的其他内容写在作图区，并完成作图区给出的问题。

作图区：

1. 该零件图的名称是_____，所用的材料是_____，绘制比例_____。

2. 该零件图上未注圆角半径是_____，表面粗糙度要求最高的是_____。

3. 该零件图主视图采用_____（表达方式）。

4. 该零件图上加工精度要求最高的尺寸是_____，它的定位尺寸是_____。

5. ⊥ 0.05 A → 的含义为_____。

122

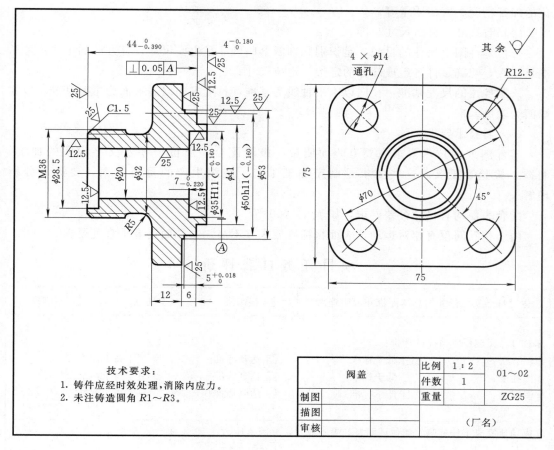

图 6-5

任务提示

盘类零件的识读方法和步骤：

（1）看标题栏。

看图时首先要从标题栏入手，标题栏内列出了零件的名称阀盖、材料铸钢 ZG25 按1：1绘制等一些有关零件的概括信息。

（2）明确视图关系。

所谓视图关系，即视图表达方法和各视图之间的投影联系。

主视图：采用全剖视图，零件主要在车床上加工，符合加工位置原则。

左视图：表达带圆角的方形凸缘和四个均布孔的分布情况。

（3）分析视图，想象零件的结构形状。

这是最关键的一步。看图时，仍采用组合体的看图方法，对零件进行形体分析、线面分析。由组成零件的基本形体入手，由大到小，从整体到布局，逐步想象出物体的结构形状。

该零件图从两个视图可以看出零件的基本结构形状。它的基本形体由三部分组成，主视图中间是方形，两端都是圆柱体，中空。想象出基本形体后，再深入到细部，各加工部

123

位的加工精度、表面质量等。

（4）看尺寸，分析尺寸基准。

分析零件图上尺寸的目的，是识别和判断哪些尺寸是主要尺寸，各方向的主要尺寸基准是什么，明确零件各组成部分的定形、定位尺寸。

该零件图的尺寸基准：径向以水平轴线为基准，长度方向以右端面为主要基准，以左端面为辅助基准。

（5）看技术要求。

零件图上的技术要求主要有表面质量，极限配合，形位公差及文字说明的加工、制造、检验等要求。这些要求是制定加工工艺、组织生产的重要依据，要深入分析理解。

配合表面均有尺寸公差要求，如 $\phi35$、$\phi50$ 等。

由于相互间没有相对运动，表面粗糙度要求并不高，右端面还有垂直度要求。

项 目 任 务 自 我 评 价

你对自己完成任务的总体评价并说明理由	□ 很满意	□ 满意	□ 不满意
你对自己完成任务情况的评价： 作图方法：　　　　□ 低于标准 作图速度：　　　　□ 低于标准 作图质量：　　　　□ 低于标准	□ 达到标准 □ 达到标准 □ 达到标准	□ 高于标准 □ 高于标准 □ 高于标准	
你成功地完成了任务吗？如何证明？如果不成功，原因是什么？			
教师评语			

任务六　试着读懂阀盖零件图，并分析该零件的特点

任务描述

读图 6 - 6 阀盖的零件图：①了解盘类零件图的特点；②能够清楚的表达盘类零件；③了解盘类零件的结构工艺性。将读到的内容写在作图区。

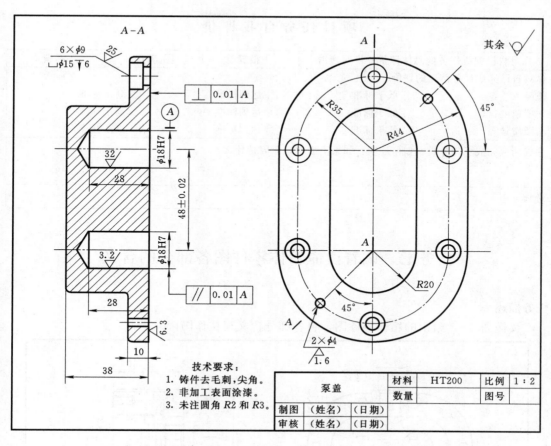

技术要求：
1. 铸件去毛刺，尖角。
2. 非加工表面涂漆。
3. 未注圆角 R2 和 R3。

泵盖		材料	HT200	比例	1：2
		数量		图号	
制图	（姓名）	（日期）			
审核	（姓名）	（日期）			

图 6－6

作图区：

项 目 任 务 自 我 评 价

你对自己完成任务的总体评价并说明理由	□ 很满意	□ 满意	□ 不满意
你对自己完成任务情况的评价：			
作图方法：　　□ 低于标准	□ 达到标准		□ 高于标准
作图速度：　　□ 低于标准	□ 达到标准		□ 高于标准
作图质量：　　□ 低于标准	□ 达到标准		□ 高于标准
你成功地完成了任务吗？如何证明？如果不成功，原因是什么？			
教师评语			

任务七　试着读懂箱体零件图各部分的含义

任务描述

读懂图 6 - 7 给出的箱体零件图，将各部分含义写在作图区。

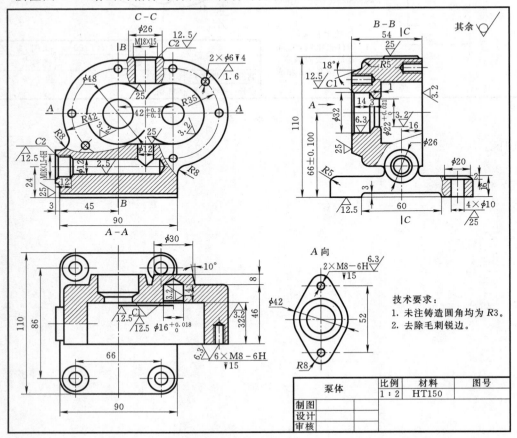

图 6 - 7

作图区：

任务提示

一张零件图的内容是相当丰富的，不同工作岗位的人看图的目的也不同，通常读零件图的主要目的为：

（1）对零件有一个概括的了解，如名称、材料等。

（2）根据给出的视图，想象出零件的形状，进而明确零件在设备或部件中的作用及零件各部分的功能。

（3）通过阅读零件图的尺寸，对零件各部分的大小有一个概念，进一步分析出各个方向尺寸的主要基准。

（4）明确制造零件的主要技术要求，如表面粗糙度、尺寸公差、形位公差、热处理及表面处理等要求，以便确定正确的加工方法。

项 目 任 务 自 我 评 价

你对自己完成任务的总体评价并说明理由	□ 很满意	□ 满意	□ 不满意
你对自己完成任务情况的评价：			
作图方法：　　　　　 □ 低于标准	□ 达到标准	□ 高于标准	
作图速度：　　　　　 □ 低于标准	□ 达到标准	□ 高于标准	
作图质量：　　　　　 □ 低于标准	□ 达到标准	□ 高于标准	
你成功地完成了任务吗？如何证明？如果不成功，原因是什么？			
教师评语			

任务八　试着读懂手轮的零件图各部分的含义

任务描述

读懂图 6-8 给出的手轮的零件图，说出图中各处的含义，将其写在作图区。

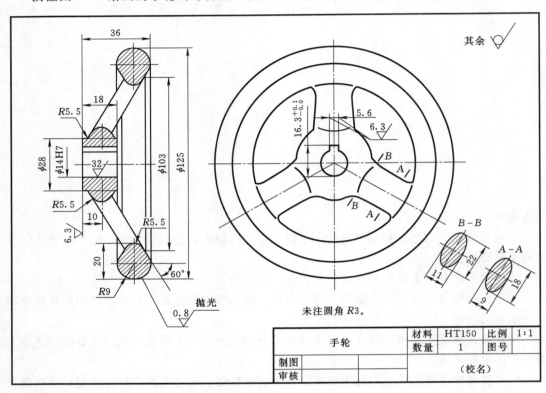

图 6-8

作图区：

任务提示

（1）看标题栏。

由零件图的标题栏可知，零件名称为手轮，材料为 HT150（灰铸铁），采用 1∶1 绘制。

（2）分析视图。

从零件图表达方案看，因盘类零件一般都是短粗的回转体，主要在车床上加工，故主视图常轴线水平放置，符合零件的加工位置原则。为清楚表达零件的内部结构，主视图用两个相交的剖切平面剖开零件后画出的全剖视图。为了表达外部轮廓，还选取了一个左视图，并用移出断面图表达轮辐的断面形状，从图中可以清楚地看到手轮的轮缘、轮毂、轮辐各部分之间的形状和位置关系。

（3）看尺寸标注。

盘类零件的径向尺寸基准为轴线。在标注圆柱体的直径时，一般都注在投影为非圆的视图上；轴线尺寸以手轮的端面为基准。图中标注了轮缘、轮毂、轮辐的定形、定位尺寸。由于手轮的形状比较简单，所以尺寸较少，很容易看懂。

（4）看技术要求。

手轮的配合面很少，所以技术要求简单，精度较低，只有尺寸 $\phi18H9$ 和 $6js9$ 为配合尺寸。大部分为非加工面。图中还注明了一条技术要求：未注倒角 $R3$。

项 目 任 务 自 我 评 价

你对自己完成任务的总体评价并说明理由	□ 很满意	□ 满意	□ 不满意
你对自己完成任务情况的评价： 作图方法： □ 低于标准 作图速度： □ 低于标准 作图质量： □ 低于标准	□ 达到标准 □ 达到标准 □ 达到标准	□ 高于标准 □ 高于标准 □ 高于标准	
你成功地完成了任务吗？如何证明？如果不成功，原因是什么？ 			
教师评语 			

相 关 基 础 知 识

一、零件图的视图选择

视图选择原则：在便于看图的前提下，尽量减少图形的数量，力求画图简便。

1. 主视图的选择

主视图是一组图形的核心，画图时应首先确定。选择主视图应考虑下列原则：

（1）形状特征原则。主视图必须充分反映零件各组成部分的结构、形状及其相对位置等特征。

（2）加工位置原则。主视图的选择尽量能与零件在机械加工时的装夹位置一致，以方便制造者看图。

（3）工作位置原则。主视图的选择尽量与零件在机器或部件中工作时的装配位置一致，以便于想象零件在机器或部件中的工作情况，便于进行装配。

2. 其他视图的选择

主视图确定之后，须选择其他视图以达到完整、清晰地表达出零件结构形状的目的。在选择其他视图时应考虑以下几点：

（1）优先选用基本视图，并采取相应的剖视和断面等。没有表达清楚的局部形状和细小的结构，可以选择局部视图、斜视图和局部放大图等。

（2）每个视图应有明确的表达重点。各个视图相辅相成，相互补充。

（3）要考虑合理地布置视图位置，即使图样清晰匀称，图幅充分利用，又能减轻视觉疲劳。

二、零件的表达分析

（一）轴套类零件的表达分析（图 6-9）

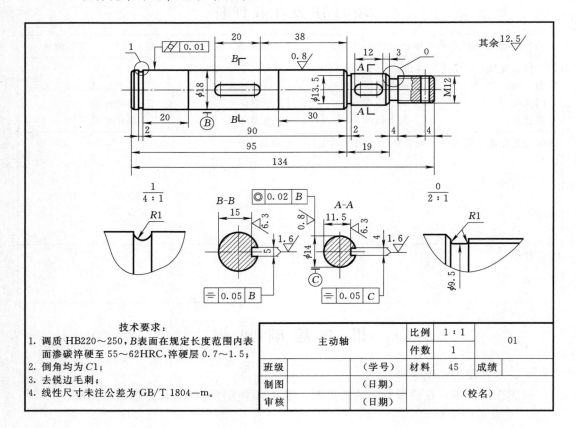

图 6-9

1. 结构特点

(1) 这类零件的各组成部分是同轴线的回转体，且轴向尺寸长，径向尺寸短，从总体上看是细而长的回转体。

(2) 根据设计和工艺上的要求，这类零件常带有键槽、轴肩、螺纹、挡圈槽、退刀槽、中心孔等结构。

2. 常用的表达方法

(1) 这类零件常在车床上加工，选择主视图时，多按加工位置原则，将轴线水平放置，平键槽朝前，作为主视图投射方向。

(2) 通常采用剖面、局部视图、局部剖视等表达方法表示键槽、花键和槽、孔等结构。

(3) 常用局部放大图表示零件上细小结构的形状和尺寸。

（二）轮盘类零件的表达分析（图6-10）

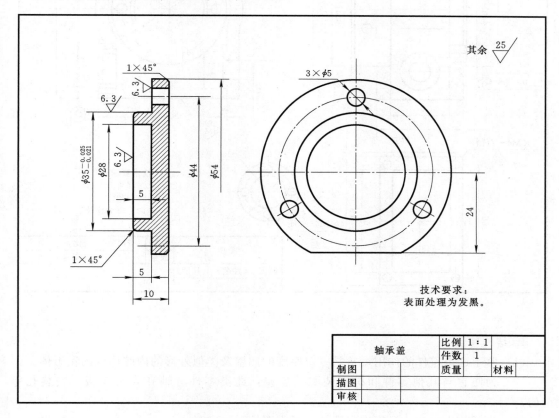

图 6-10

1. 结构特点

(1) 这类零件的主体部分常由回转体组成，且轴向尺寸小而径向尺寸大，其中往往有一个端面是与其他零件连接的重要接触面。

(2) 这类零件为了与其他零件连接，常设有光孔、键槽、螺孔、制口、凸台等结构。

2．常用的表达方法

（1）该类零件加工常以车削为主，选择主视图时一般将轴线水平放置。

（2）多采用两个基本视图：主视图常用剖视图表示内部结构；另一视图表示零件的外形轮廓和各部分如凸缘、孔、肋、轮辐等的相对位置。如果两端面都较复杂，还需增加另一端面的视图。

（三）箱体类零件的表达分析（图6-11）

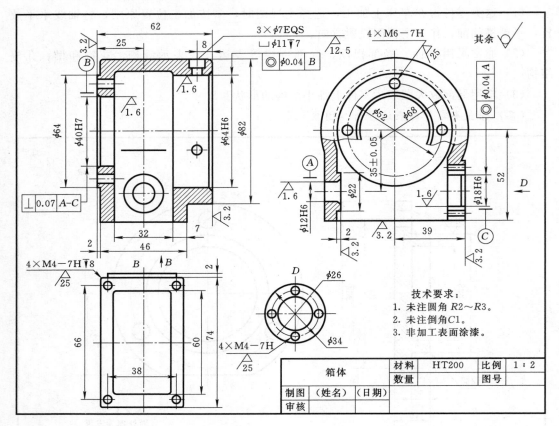

图6-11

1．结构特点

（1）鉴于这类零件的作用，常是一定厚度的四壁及类似外形的内腔构成的箱形体。

（2）为使它与其他零件和机座装配与连接，此类零件有轴孔安装底板、安装孔等结构。

（3）为了防止尘粒、污物进入壳体，通常要使壳体密封。

2．常用的表达方法

（1）主视图常根据箱体的安装工作位置、主要结构特征选择。

（2）一般采用通过主要孔轴线或对称平面作剖视图以表示其内部形状，对零件的外形也要采用相应的视图来表达。

（3）箱体的一些局部结构常用局部视图、局部剖视、斜视图、剖面图等表示。

（四）支架类零件的表达分析（图 6-12）

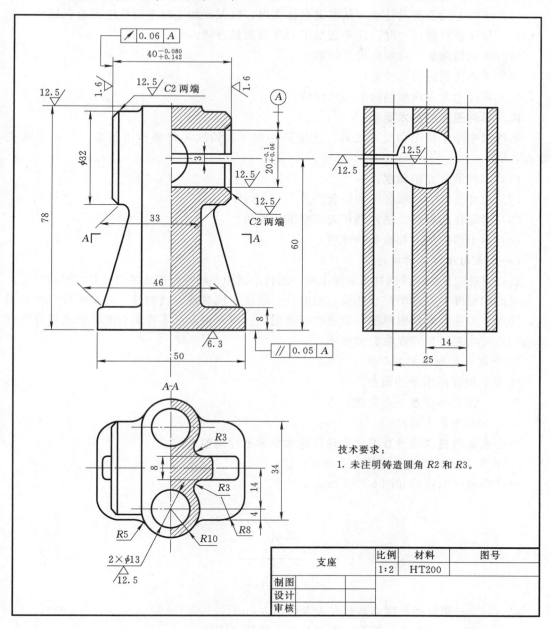

图 6-12

1. 结构特点

支架类零件，主要起支撑和连接作用，其形状因工作需要而千差万别，但其形状结构按功能之不同常分为三部分：工作部分、安装固定部分和连接部分。

2. 常用的表达方法

其主视图选择常按工作位置，并结合其形状特征来选择。

133

三、零件图上合理标注尺寸应遵循的原则

（1）零件上的重要尺寸必须从基准直接注出，以保证加工时不致产生误差积累。

（2）标注非重要尺寸时，应考虑加工顺序和测量方便。

（3）考虑切削加工对零件尺寸的影响。

（4）不能注成封闭尺寸链。

（5）零件上常见典型结构的尺寸注法。

四、零件图上的技术要求

零件图中除了视图和尺寸之外，还应具备加工和检验零件的技术要求。技术要求主要有：

（1）零件的表面粗糙度。

（2）尺寸公差、形状公差和位置公差。

（3）对零件的材料、热处理和表面修饰的说明。

（4）对于特殊加工和检验的说明。

（一）表面粗糙度的概念

表面粗糙度是指零件的加工表面上具有的较小间距和峰谷所形成的微观几何形状特性。

表面粗糙度对零件的配合性质、耐磨性、强度、抗腐性、密封性、外观要求等影响很大，因此，零件表面的粗糙度的要求也有不同。一般来说，凡零件上有配合要求或有相对运动的表面，表面粗糙度参数值要小。

1. 评定表面粗糙度的参数

R_a——轮廓算术平均偏差；

R_z——微观不平度＋点高度；

R_y——轮廓最大高度。

评定表面粗糙度的参数中优先选用轮廓算术平均偏差 R_a。

2. 表面粗糙度的代号（符）号及其标注

表面粗糙度的符号如图 6-13 所示。

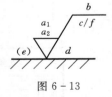

图 6-13

a_1、a_2——粗糙度高度参数代号及其数值，μm；

　　　b——加工要求、镀覆、表面处理或其他说明等；

　　　c——样长度，mm，或波纹度，μm；

　　　d——加工纹理方向符号；

　　　e——加工余量，mm；

　　　f——粗糙度间距参数值，mm，或轮廓支承长度率。

3. 表面粗糙度参数

表面粗糙度参数的单位是 mm。

注写 R_a 时，只写数值；注写 R_z、R_y 时，应同时注出 R_z、R_y 和数值。

只注一个值时，表示为上限值；注两个值时，表示为上限值和下限值。

例如：

$\overset{3.2}{\bigvee}$ 用任何方法获得的表面，R_a 的上限值为 3.2mm。

$\overset{3.2}{\underset{1.6}{\bigvee}}$ 用去除材料的方法获得的表面，R_a 的上限值为 3.2mm，下限值为 1.6mm。

$\overset{R_y 3.2}{\bigvee}$ 用任何方法获得的表面，R_y 的上限值为 3.2mm。

4. 表面粗糙度代（符号）在图样上的注法

在同一图样上每一表面只注一次粗糙度代号，且应注在可见轮廓线、尺寸界线、引出线或它们的延长线上，并尽可能靠近有关尺寸线。

当零件的大部分表面具有相同的粗糙度要求时，对其中使用最多的一种代（符）号，可统一注在图纸的右上角，加注"其余"二字。

在不同方向的表面上标注时，代号中的数字及符号的方向必须按图中的规定标注。

代号中的数字方向应与尺寸数字的方向一致。符号的尖端必须从材料外指向表面。当零件所有表面都有相同表面粗糙度要求时，可在图样右上角统一标注代号。对不连续的同一表面，可用细实线相连，其表面粗糙度代号可注一次。零件上连续要素及重复要素（孔、槽、齿等）的表面，其表面粗糙度代号只注一次。

齿轮、渐开线花键的工作表面，在图中没有表示出齿形时，其粗糙度代号可注在分度线上。螺纹表面需要标注表面粗糙度时，标注在螺纹尺寸线上。

同一表面上有不同表面粗糙度要求时，应用细实线分界，并注出尺寸与表面粗糙度代号。

（二）零件图上的技术要求

1. 极限与配合的基本概念

互换性要求：同一批零件，不经挑选和辅助加工，任取一个就可顺利地装到机器上去并满足机器的性能要求。保证零件具有互换性的措施：由设计者根据极限与配合标准，确定零件合理的配合要求和尺寸极限。

2. 基本术语

基本尺寸：它是设计给定的尺寸。

极限尺寸：允许尺寸变化的两个极限值，它是以基本尺寸为基数来确定的。

尺寸偏差（简称偏差）：某一尺寸减其基本尺寸所得的代数差，分别称为上偏差和下偏差。

例：一根轴的直径为 F50±0.008，则

基本尺寸：F 50；

最大极限尺寸：F 50.008；

最小极限尺寸：F 49.992。

3. 尺寸偏差和尺寸公差

上偏差＝最大极限尺寸－基本尺寸

代号：孔为 ES，轴为 es。

下偏差＝最小极限尺寸－基本尺寸

代号：孔为 EI，轴为 ei。

上偏差、下偏差统称极限偏差。

尺寸公差（简称公差）：允许实际尺寸的变动量。

公差＝最大极限尺寸－最小极限尺寸＝上偏差－下偏差

4. 标准公差和基本偏差

（1）标准公差。用以确定公差带的大小。

代号：IT。共 20 个等级：IT01、IT0、IT1～IT18。

标准公差的数值由基本尺寸和公差等级确定。

（2）基本偏差。用以确定公差带相对于零线的位置。一般为靠近零线的那个偏差。

代号：孔用大写字母，轴用小字母表示。

轴与孔的基本偏差代号用拉丁字母表示，大写为孔，小写为轴，各有 28 个。其中 H（h）的基本偏差为零，常作为基准孔或基准轴的偏差代号。

5. 配合

（1）配合的概念。基本尺寸相同相互结合的孔和轴的公差带之间的关系。

（2）配合的种类。分为间隙配合、过盈配合、过渡配合。

6. 配合的基准制

孔和轴公差带形成配合的一种制度。国家标准规定了两种基准制，即基孔制和基轴制。

（1）基孔制。基本偏差为一定的孔的公差带，与基本偏差不同的轴的公差带构成各种配合的一种制度称为基孔制。这种制度在同一基本尺寸的配合中，是将孔的公差带位置固定，通过变动轴的公差带位置得到各种不同的配合。如图 6－14 所示。基孔制的孔称为基准孔。国家标准规定基准孔的下偏差为零，"H" 为基准孔的基本偏差。

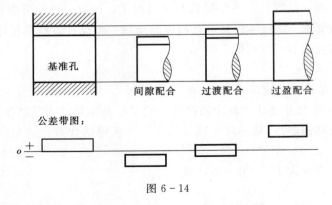

图 6－14

（2）基轴制。基本偏差为一定的轴的公差带与基本偏差不同的孔的公差带构成各种配合的一种制度称为基轴制。

这种制度在同一基本尺寸的配合中，是将轴的公差带位置固定，通过变动孔的公差带位置得到各种不同的配合，如图 6－15 所示。

基轴制的轴称为基准轴。国家标准规定基准轴的上偏差为零，"h"为基准轴的基本偏差。

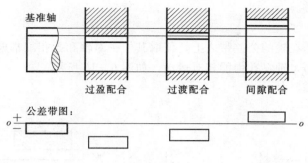

图 6 - 15

7. 公差与配合在图样中的标注

（1）零件图中的标注形式有以下几种：

1）注基本尺寸及上、下偏差值（常用方法）数值直观，适应单件或小批量生产。零件尺寸使用通用的量具进行测量。必须注出偏差数值。

2）既注公差带代号又注上、下偏差，既明确配合精度又有公差数值。

3）注公差带代号。此注法能和专用量具检验零件尺寸统一起来，适应大批量生产。零件图上不必标注尺寸偏差数值。

（2）在装配图中配合尺寸的标注。基孔制的标注形式如下：

$$基本尺寸 \frac{基准孔的基本偏差代号（H）公差等级代号}{配合轴基本偏差代号 \qquad 公差等级代号} \quad 例如：\phi18\frac{H7}{p6}$$

基轴制的标注形式如下：

$$基本尺寸 \frac{配合孔基本偏差代号 \qquad 公差等级代号}{基准轴的基本偏差代号（h）公差等级代号} \quad 例如：\phi14\frac{F8}{h7}$$

（三）材料的热处理及标注

机器中常用的材料有金属材料及非金属材料两大类。金属材料又有属于黑色金属的钢和铸铁，属于有色金属的铜、铅等，非金属材料有塑料、橡胶等。

为了提高金属材料的力学性能，特别是钢的强度、硬度和表面耐磨、抗腐蚀能力等，通常要采用热处理和表面处理。

常用的热处理形式有普通热处理和化学热处理。普通热处理包括：钢件加热—保温—随炉冷却的退火；加热—保温—水（油）中急剧冷却，从而提高硬度和强度的淬火；以及淬火后高温回火得到较好力学性能的调质等。钢的化学热处理就是高温渗碳、渗氮，改变零件表面力学性能，提高耐磨和抗疲劳强度。

钢的热处理要求，一般在图样的"技术要求"中用文字说明，若局部处理，可以用粗点画线标注出热处理范围并标注相应的尺寸，在表面粗糙度符号内注写，如"淬火45HRC"，其中"HRC"表示洛氏硬度号。

五、配合的概念与种类

1. 配合的概念

基本尺寸相同，相互接合的孔和轴公差带之间的关系称为配合。

2. 配合的种类

根据机器的设计要求和生产实际的需要，孔和轴之间的配合有松有紧。因此国家标准将配合分为以下三类。

（1）间隙配合。

孔的公差带完全在轴的公差带之上，任取其中一对轴和孔相配都成为具有间隙的配合（包括最小间隙为零），轴在孔中能相对运动。如图 6 – 16 所示。

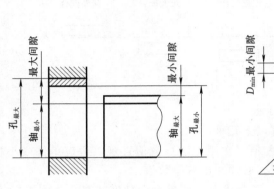

图 6 – 16

由于孔、轴的实际尺寸允许在其公差带内变动，因而其配合的间隙也是变动的。当孔为最大极限尺寸而与其配合的轴为最小极限尺寸时，配合处于最松状态，此时的间隙称为最大间隙，用 $X_{\max}$ 表示。当孔为最小极限尺寸而与其相配的轴为最大极限尺寸时，配合处于最紧状态，此时的间隙称为最小间隙，用 $X_{\min}$ 表示。即

$$X_{\max}=D_{\max}-d_{\min}=ES-ei$$
$$X_{\min}=D_{\min}-d_{\max}=EI-es$$

式中　　$X_{\max}$——孔、轴的最大间隙；

$\quad\quad D_{\max}$——孔的最大极限尺寸；

$\quad\quad d_{\min}$——轴的最小极限尺寸；

$\quad\quad ES$——孔的上偏差；

$\quad\quad ei$——轴的下偏差；

$\quad\quad X_{\min}$——孔、轴的最小间隙；

$\quad\quad D_{\min}$——孔的小极限尺寸；

$\quad\quad d_{\max}$——轴的最大极限尺寸；

$\quad\quad EI$——孔的下偏差；

$\quad\quad es$——轴的上偏差。

最大间隙与最小间隙统称为极限间隙，它们表示间隙配合中允许间隙变动的两个界限值。孔轴装配后的实际间隙在最大间隙和最小间隙之间。间隙配合中，当孔的最小极限尺寸等于轴的最大极限尺寸时，最小间隙等于零，称为零间隙。

（2）过盈配合。

孔的公差带完全在轴的公差带之下，任取其中一对轴和孔相配都成为具有过盈的配合

（包括最小过盈为零），孔与轴装配在一起后不能产生相对运动。如图 6-17 所示。

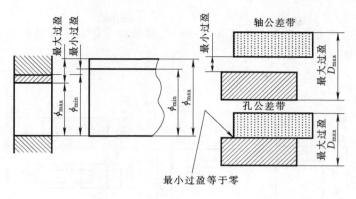

图 6-17

同样，由于孔、轴的实际尺寸允许在其公差带内变动，因而其配合的过盈也是变动的。当孔为最小极限尺寸而与其相配的轴为最大极限尺寸时，配合处于最紧状态，此时的过盈称为最大过盈，用 Y_{max} 表示。当孔为最大极限尺寸而与其相配的轴为最小极限尺寸时，配合处于最松状态，此时的过盈称为最小过盈，用 Y_{min} 表示。即

$$Y_{max} = D_{min} - d_{max} = EI - es$$
$$Y_{min} = D_{max} - d_{min} = ES - ei$$

式中　Y_{max}——孔、轴的最大过盈；

　　　D_{min}——孔的最小极限尺寸；

　　　d_{max}——轴的最大极限尺寸；

　　　EI——孔的下偏差；

　　　es——轴的上偏差；

　　　Y_{min}——孔、轴的最小间隙；

　　　D_{max}——孔的最大极限尺寸；

　　　d_{min}——轴的最小极限尺寸；

　　　ES——孔的上偏差；

　　　ei——轴的下偏差。

最大过盈和最小过盈称为极限过盈，它们表示过盈配合中允许过盈变动的两个界限值。孔、轴装配后的实际过盈在最小过盈和最大过盈之间。过盈配合中，当孔的最大极限尺寸等于轴的最小极限尺寸时，最小过盈等于零，称为零过盈。

【例 6-1】 如图 6-18 所示，孔和轴相配合，试判断配合类型，并计算其极限间隙或极限过盈。

解： 作孔轴公差带图，如图 6-18 所示。由图可知，该组孔轴为过盈配合。由公式得：

$$Y_{max} = D_{min} - d_{max} = EI - es = 0 - (0.042)$$
$$= -0.042 \quad Y_{min} = D_{max} - d_{min}$$
$$= ES - ei = +0.025 - (+0.026)$$

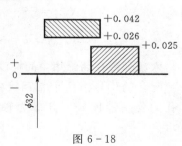

图 6-18

$$= -0.001(mm)$$

（3）过渡配合。

孔和轴的公差带相互交叠，任取其中一对孔和轴相配合，可能具有间隙，也可能具有过盈的配合，如图 6-19 所示。

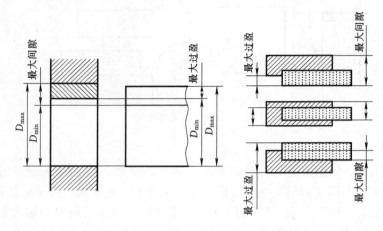

图 6-19

同样，孔、轴的实际尺寸是允许在其公差带内变动的。当孔的尺寸大于轴的尺寸时，具有间隙。当孔为最大极限尺寸，而轴为最小极限尺寸时，配合处于最松状态，此时的间隙为最大间隙。当孔的尺寸小于轴的尺寸时，具有过盈。当孔为最小极限尺寸，而轴为最大极限尺寸时，配合处于最紧状态，此时的过盈为最大过盈。即

$$X_{max} = D_{min} - d_{min} = ES - ei$$
$$Y_{max} = D_{min} - d_{max} = EI - es$$

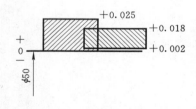

图 6-20

过渡配合中也可能出现孔的尺寸减轴的尺寸等于零的情况。这个零值可称为零间隙，也可称为零过盈，但它不能代表过渡配合的性质特征，代表过渡配合松紧程度的特征值是最大间隙和最大过盈。

【例 6-2】　如图 6-20 孔和轴相配合，试判断配合类型，并计算其极限间隙或极限过盈。

解：左孔、轴公差带图，如图 6-20 所示。

由图 6-20 可知，该组孔轴为过渡配合。由公式得：

$$X_{max} = ES - ei = +0.025 - (+0.022) = +0.023(mm)$$

$$Y_{max} = EI - es = 0 - (+0.018) = -0.018(mm)$$

六、配合在装配图中的标注

配合的代号由两个相互接合的孔和轴的公差带的代号组成，用分数形式表示，分子为孔的公差带代号，分母为轴的公差带代号，标注的通用形式如图 6-21、图 6-22所示。

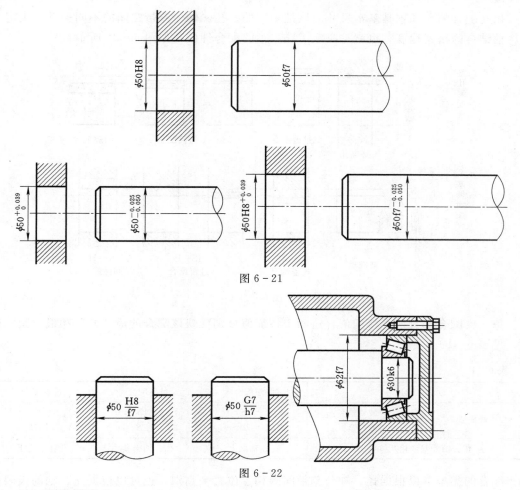

图 6 - 21

图 6 - 22

七、配合的意义

基本尺寸相同，相互结合的孔、轴公差带之间的关系，称为配合。在前面我们学过有关尺寸、偏差和公差的有关术语和定义，为清楚表示各术语间的关系，可作公差与配合示意图。简化它们的关系，即可作公差带图，如图 6 - 23 所示。

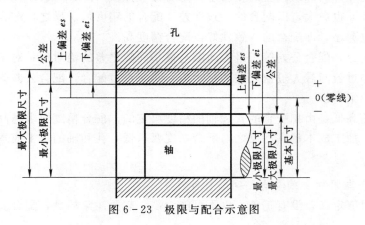

图 6 - 23 极限与配合示意图

相互配合的孔和轴其基本尺寸应该是相同的。孔、轴公差带之间的不同关系，决定了孔、轴结合的松紧程度，也就是决定了孔、轴的配合性质，如图 6-24 所示。

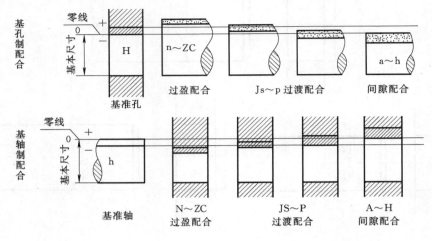

图 6-24

每一类配合都有两个特征值，这两个特征值分别反映该配合的最"松"和最"紧"程度，见表 6-1。

表 6-1

配 合		间隙配合	过渡配合	过盈配合
特征值	最"松"	$X_{max}=ES-ei$	$Y_{max}=EI-es$	$X_{max}=ES-ei$
	最"紧"	$X_{min}=EI-es$	$Y_{min}=ES-ei$	$Y_{max}=EI-es$
孔、轴公差带相互位置		孔在轴之上	孔、轴交叠	孔在轴之下

配合的类型可以根据孔、轴公差带间的相互位置来判别，也可以根据孔、轴的极限偏差来判别。由三种配合的孔、轴公差带位置可以看出：$EI \geqslant es$ 时，为间隙配合；$ES \leqslant ei$ 时，为过盈配合；以上两式都不成立时，为过渡配合。

八、配合公差（Tr）

配合公差是允许间隙或过盈的变动量，配合公差用 Tr 表示。配合公差愈大，则配合后的松紧差别程度也愈大，即配合的一致性差，配合的精度低。反之，配合公差愈小，配合的松紧差别也愈小，即配合的一致性好，配合精度高。

对于间隙配合，配合公差等于最大间隙与最小间隙之差的绝对值；对于过盈配合，配合公差等于最小过盈与最大过盈之差的绝对值；对于过渡配合，配合公差等于最大间隙与最大过盈之差的绝对值。

配合精度的高低是由相配合的孔和轴的精度决定的。配合精度要求越高，孔和轴的精度要求也越高，加工成本越高；反之，配合精度要求低，孔和轴的加工成本愈低。

知识延伸

1. 配合公差与尺寸公差具有相同的特性

同样以绝对值定义，没有正负，也不可能为零。需要注意的是，配合公差并不反映配合的松紧程度，她反映的是配合松紧变化程度。配合的松紧程度由该配合的极限过盈或极限间隙值决定。

2. 各配合在装配中的应用场合

（1）公差配合的类型分为三种：间隙配合（原称：动配合）、过渡配合、过盈配合（原称：静配合）。

（2）间隙配合：轴与孔之间有明显间隙的配合，轴可以在孔中转动。

（3）过盈配合：轴与孔之间没有间隙，轴与孔紧密的固联在一起，轴将不能单独转动。

（4）过渡配合：介于间隙配合与过盈配合之间的配合，有可能出现间隙，有可能出现过盈，这样的配合可以作为精密定位的配合。

（5）当轴需要在孔中转动的时候，都选择间隙配合，要求间隙比较大的时候选 H11/c11（如：手摇机构），要求能转动，同时又要求间隙不太大就选择 H9/d9（如：空转带轮与轴的配合），若还要精密的间隙配合就选择 H8/f7（如：滑动轴承的配合）。

（6）如果希望轴与孔固联在一起，要转动则一起转动，要承受载荷就一起承受载荷，可以选择过盈配合，小过盈量的配合可以传递比较小的力，施加较大的力就会让轴与孔发生转动，装配可以用木榔头敲击装配，配合类型 H7/n6，大过盈量的配合可以传递较大的力，一般用压力机进行装配，或者用温差法进行装配，例如：火车轮的轮圈与轮毂的配合就是用温差法进行装配的过盈配合，配合类型 H7/z6。

（7）需要精密定位，又需要能拆卸时，如滚动轴承内圈与轴的配合、外圈与孔的配合可以选择 H7/js6，或者 H7/k6。

九、形状与位置公差项目符号

形状与位置公差项目符号见表 6 - 2。

表 6 - 2   形状与位置公差项目符号

公差分类	特征项目	符号	公差分类	特征项目	符号
形状公差	直线度	—	位置公差	平行度	∥
	平面度	▱	定向	垂直度	⊥
	圆度	○		倾斜度	∠
	圆柱度	⌭	定位	同轴度	◎
	线轮廓度	⌒		对称度	≡
	面轮廓度	⌓		位置度	⊕
			跳动	圆跳动	↗
				全跳动	↗↗

十、形位公差的含义

形位公差见表6-3。

表6-3　　　　　　　　　　　　　　　　　形　位　公　差

项目	图　　例	说　　明
直线度	─ 0.01　φ20	轴线直线度公差为0.01mm，实际轴线必须位于直径为0.01mm的圆柱面内（实际轴线　φ0.01）
平面度	▱ 0.1	平面度公差为0.1mm，实际平面必须位于距离为0.1mm的两平行平面内（0.1　实际平面）
圆度	○ 0.005　φ18	圆度公差为0.005mm，在任一横截面内，实际圆必须位于半径差为0.005mm的二同心圆之间（0.005　实际圆）
圆柱度	⌀ 0.006　φ30	圆柱度公差为0.006mm，实际圆柱面必须位于半径差为0.006mm的二同轴圆柱之间（0.006　实际圆柱）
线轮廓度	⌒ 0.1	线轮廓度公差为0.1mm，实际曲线必须位于包络以理想曲线为中心的一系列直径为0.1mm圆的两包络线之间（φ0.1 理想曲线　实际曲线）
面轮廓度	⌒ 0.2	面轮廓度公差为0.2mm，实际曲面必须位于包络以理想曲面为中心的一系列直径为0.2mm球的两包络面之间（球 φ0.2　理想曲面　实际曲面）

项目	图　　例	说　　明
平行度	// 0.05 A A	平行度公差为 0.05mm，实际平面必须位于距离为 0.05mm 且平行于基准平面 A 的两平行平面之间 0.05　实际平面　基准平面 A
垂直度	⊥ 0.05 A φ30 A	垂直度公差为 0.05mm，实际端面必须位于距离为 0.05mm 且垂直于基准轴线 A 的平行平面之间 实际端面　基准轴线 A　0.05
倾斜度	∠ 0.03 A 45° A	倾斜度公差为 0.03mm，实际斜面必须位于距离为 0.03mm 且与基准平面 A 成 45°角的两平行平面之间，45°表示理论正确角度 实际斜面　0.03　45°　基准平面 A
同轴度	◎ φ0.02 A φ30　φ20 A	同轴度公差为 φ0.02mm，φ20 圆柱的实际轴线必须位于以 φ30 基准圆柱轴线 A 为轴线的以 0.02mm 为直径的圆柱面内 φ0.02　实际轴线　基准轴线 A
对称度	≡ 0.05 A φ50 A	对称度公差为 0.05mm，键槽的实际中心平面必须位于距离为 0.05mm 的两平行平面之间，该两平面对称地配置在通过基准轴线 A 的辅助中心平面两侧 实际中心平面　0.05　辅助中心平面　基准轴线 A
位置度	3×φ10 ⊕ φ0.05 30　30	位置度公差为 0.05mm，三个 φ10 孔实际轴线必须分别位于直径为 0.05mm 且以理想位置 30 为轴线的诸圆柱面内 实际轴线　φ0.05　30　30

145

续表

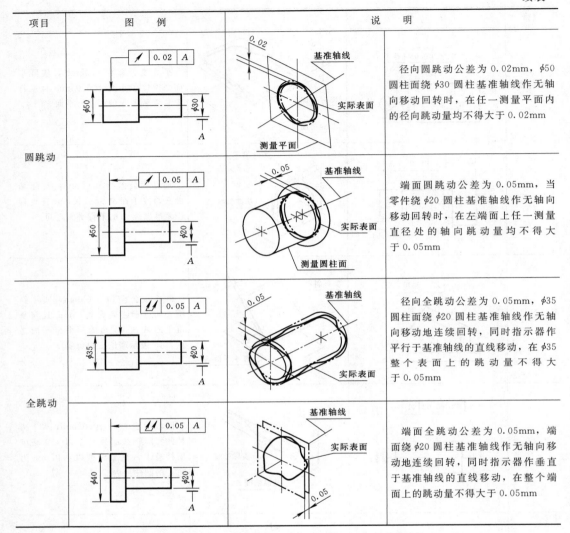

项目	图 例	说 明
圆跳动		径向圆跳动公差为 0.02mm，$\phi50$ 圆柱面绕 $\phi30$ 圆柱基准轴线作无轴向移动回转时，在任一测量平面内的径向跳动量均不得大于 0.02mm
		端面圆跳动公差为 0.05mm，当零件绕 $\phi20$ 圆柱基准轴线作无轴向移动回转时，在左端面上任一测量直径处的轴向跳动量均不得大于 0.05mm
全跳动		径向全跳动公差为 0.05mm，$\phi35$ 圆柱面绕 $\phi20$ 圆柱基准轴线作无轴向移动地连续回转，同时指示器作平行于基准轴线的直线移动，在 $\phi35$ 整个表面上的跳动量不得大于 0.05mm
		端面全跳动公差为 0.05mm，端面绕 $\phi20$ 圆柱基准轴线作无轴向移动地连续回转，同时指示器作垂直于基准轴线的直线移动，在整个端面上的跳动量不得大于 0.05mm

十一、形状和位置公差的识读

【例 6-3】 如图 6-25 中 $\phi160$ 圆柱表面对 $\phi85$ 圆柱孔轴线 A 的径向圆跳动公差为 0.03mm。

⏤ 0.02 A 表示 $\phi150$ 圆柱表面对 $\phi85$ 圆柱孔轴线 A 的径向圆跳动公差为 0.02mm。

⊥ 0.03 B 表示厚度为 20mm 的安装板左端面对 $\phi150$ 圆柱轴线 B 的垂直度公差为 0.03mm。

⊥ 0.03 C 表示安装板右端面对 $\phi150$ 圆柱轴线 C 的垂直度公差为 0.03mm。

标注及识读应注意：

（1）被测要素看箭头（箭头所指为被测要素）。

（2）基准要素找方框（方框样的符号所指要素为基准要素）。

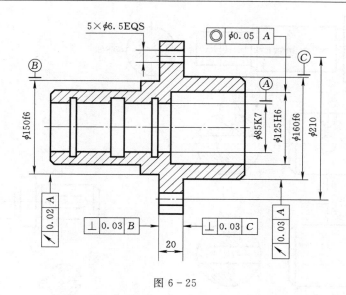

图 6 - 25

（3）错开尺寸指表面（箭头或基准符号与尺寸线不对齐，则被测要素、基准要素为表面要素）。

（4）对齐尺寸指中心（箭头或基准符号与尺寸线对齐，则被测要素、基准要素为尺寸确定几何体的中心线或对称平面）。

十二、断面图

假想用剖切面将物体的某处切断，仅画出该剖切面与物体接触部分的图形，称为断面图。

断面图常用于表达型材及机件某处的断面形状。如零件上的肋板、轮辐，轴键槽和孔等结构。对视图起补充说明作用，有时还可以减少视图。

（一）断面图的分类及其画法

按断面图的位置不同分为移出断面图和重合断面图。

1. 移出断面图

画在视图轮廓线之外的断面图，称为移出断面。

移出断面的轮廓线用粗实线绘制，并尽量配置在剖切面迹线的延长线上，或其他适当的位置。

2. 画移出断面图时应注意的问题

（1）当剖切平面通过回转面形成的孔或凹坑的轴线时，这些结构按剖视画出。

（2）当剖切平面通过非回转面，会导致出现完全分离的断面时，这些结构也应按剖视绘制，如图 6 - 26 所示。

（3）由两个或多个相交剖切平面剖切得到的移出断面图中间应断开。

3. 移出断面的标注

如图 6 - 27 所示，移出断面一般应用剖切符号表示剖切位置，用箭头表示投影方向，并注上字母，在断面图上方应用同样的字母标出相应的"X - X"。

但移出断面的标注在一些场合可省略标注：

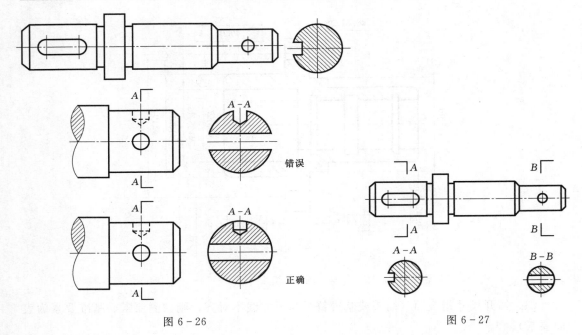

图 6 - 26

图 6 - 27

（1）配置在剖切线或剖切符号延长线上，对称的移出断面省略标注，不对称的移出断面不配置省略字母，应标注剖切符号及投射方向。

（2）不配置在剖切符号延长线上，对称的移出断面略箭头，不对称的移出断面，按投影关系配置，省略箭头。

（3）不配置在剖切符号延长线上，对称的移出断面可省略标注，若不对称，不按投影关系配置，需完整标注剖切符号和字母。

（4）配置在视图中断处的对称移出断面，省略标注。

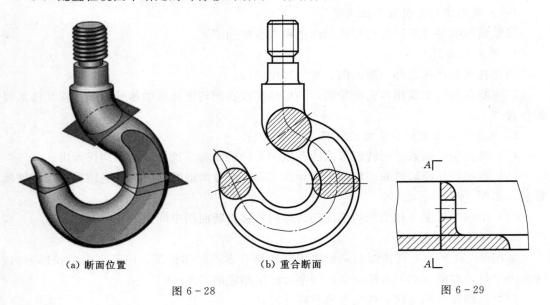

（a）断面位置

（b）重合断面

图 6 - 28

图 6 - 29

（二）重合断面图

画在视图轮廓线之内的断面图，称为重合断面图。

重合断面的轮廓线用细实线绘制，如图 6 - 28 所示。

重合断面不需标注，如图 6 - 29 所示。

十三、局部放大图的概念

机件上某些细小结构在视图中表达得还不够清楚，或不便于标注尺寸时，可将这些部分用大于原图形所采用的比例画出，这种图称为局部放大图。

1. 画法

如图 6 - 30 所示，局部放大图可以画成视图、剖视图和断面图。

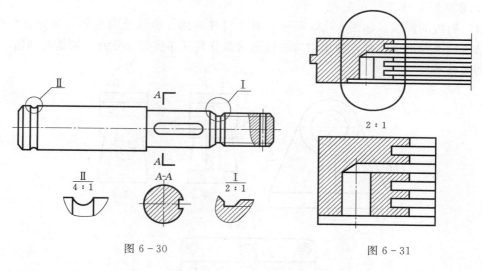

图 6 - 30

图 6 - 31

2. 标注

局部放大图必须标注，如图 6 - 31 所示，标注方法是在视图上用细实线圆圈标明放大部位，在放大图的上方注明所用的比例，即图形大小与实物大小之比（与原图上的比例无关）。

当机件上只有一处局部放大时，只需在局部放大图的上方标注出所采用的比例即可。

如图 6 - 32 所示，当局部放大不止一处时，需用罗马数字依次标明被放大图的上方，标注出对应的罗马数字和所采用的比例。

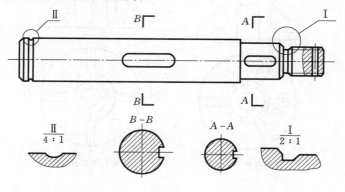

图 6 - 32

3. 局部放大图的配置

局部放大图应尽量配置在被放大部位的附近，便于对照和阅读。一张图纸中大量采用局部放大画法时，也可以集中布置，既可保证图面整齐，又方便查找。

十四、简化画法

1. 简化原则

简化必须保证不致引起误解和不会产生理解的多意性，应力求制图简便。

2. 简化的基本要求

（1）应避免不必要的视图和剖视图。

（2）在不致引起误解时，应避免使用细虚线表示不可见的结构。

3. 常见结构的简化画法

（1）肋板的画法。如图 6-33 所示，对于机件的肋、轮辐及薄壁等，如按纵向剖切，这些结构均不画剖面符号，并用粗实线将剖切部分与其邻接部分分开。如横向剖切，仍应画出剖面符号。

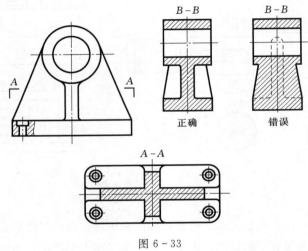

图 6-33

（2）均匀分布的肋板及孔的画法。如图 6-34 所示，若干直径相同且成规律分布的

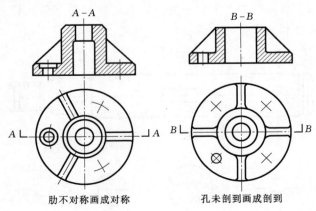

肋不对称画成对称　　　　　孔未剖到画成剖到

图 6-34

孔，可以仅画出一个或几个，其余只需用细点划线表示其中心位置，在剖视图中为了看图方便可将不对称结构画成对称，未剖到画成剖到。

（3）当机件上有较小结构及斜度等已在一个图形中表达清楚时，在其他图形中可简化表示或省略。图 6－35（a）中的主视图省略了平面斜切圆柱面后截交线的投影，图 6－35（b）中的主视图简化了锥孔的投影。

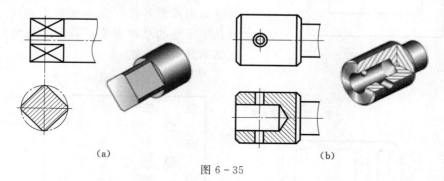

（a）　　　　　　　　　　　　　　　　（b）

图 6－35

（4）如图 6－36 所示，当不能充分表达回转体零件表面上的平面时，可用平面符号（相交的两条细实线）表示。

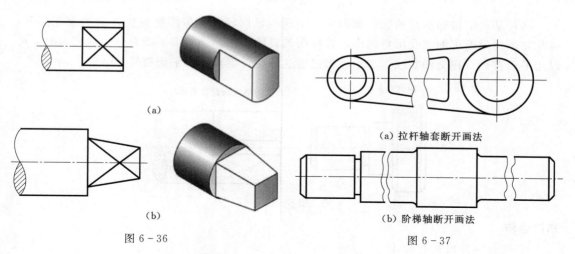

（a）

（a）拉杆轴套断开画法

（b）

（b）阶梯轴断开画法

图 6－36　　　　　　　　　　　　　　图 6－37

（5）断开的画法。如图 6－37 所示，轴、杆类较长的机件，当沿长度方向形状相同或按一定规律变化时，允许断开画出。但必须按原来实长标注尺寸。

（6）对称图形的画法。如图 6－38 所示，在不致引起误解时，可只画一半或四分之一，并在对称中心线的两端画出两条与其垂直的平行细实线。

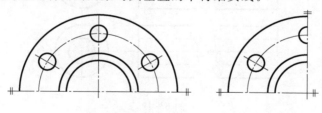

图 6－38

151

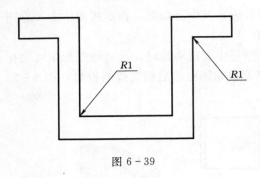

图 6-39

(7) 如图 6-39 所示，在不致引起误解时，零件图中的小圆角、小倒角、小倒圆均可省略不画，但必须注明尺寸或在技术要求中加以说明。

(8) 如图 6-40 所示，当机件上有若干相同的结构要素并按一定的规律分布时，只需画出几个完整的结构要素，其余的用细实线连接或画出其中心位置。

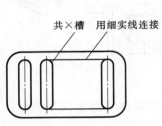

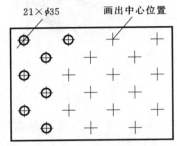

图 6-40

(9) 某些结构的示意画法。如图 6-41 所示，网状物、编织物或机件上的滚花部分，可在轮廓线附近用细实线示意画出，并标明其具体要求。当图形不能充分表达平面时，可以用平面符号（相交细实线）表示，如已表达清楚，则可不画平面符号。

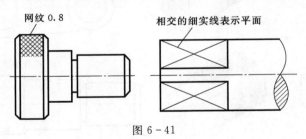

图 6-41

知识延伸

1. 较长机件的折断画法

如图 6-42 所示，机件断裂边缘常用波浪线画出，圆柱断裂边缘常用花瓣形画出。

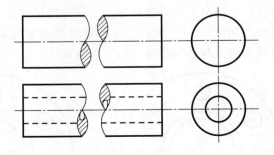

图 6-42

152

2. 较小结构的简化画法

如图 6-43 所示，机件上较小的结构，如在一个图形中已表示清楚时，在其他图形中可以简化或省略。在不致引起误解时，图形中的相贯线允许简化，例如用圆弧或直线代替非圆曲线。

十五、剖视图

（一）概念

假想用一剖切平面剖开机件，然后将处在观察者和剖切平面之间的部分移去，而将其余部分向投影面投影所得的图形，称为剖视图（简称剖视）。

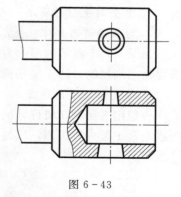

图 6-43

举例： 如图 6-44 所示的机件，在主视图中，用虚线表达其内部结构，不够清晰。可采用剖视图表达。

 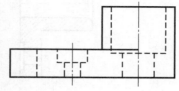 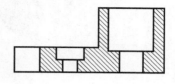

图 6-44

（二）分类

1. 全剖视图

用剖切面完全地剖开物体所得剖视图称为全剖视图。

2. 半剖视图

当物体具有对称平面时，向垂直于对称平面的投影面投射所得的图形，可以对称中心线为界，一半画成剖视图，另一半画成视图，这种剖视图称为半剖视图。

3. 局部剖视图

用剖切面局部地剖开物体所得的剖视图称为局部剖视图。

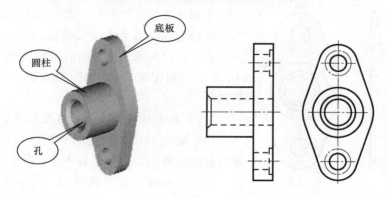

图 6-45

153

（三）全剖视图的画法

1．对机件进行形体分析

如图 6-45 所示的形体为叠加和切割共有的综合式组合体。投影后有许多虚线。所以需要使用剖视的方法来表达机件内部结构。

2．确定剖切平面位置

一般用平面剖切机件，剖切平面应通过机件内部孔、槽等的对称面或轴线，且使其平行或垂直于某一投影面，以便使剖开后的结构反映实形，如图 6-46 所示。

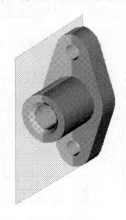

图 6-46

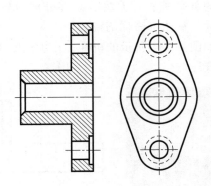

图 6-47

3．画剖视图及剖面符号

如图 6-47 所示。

（四）全剖视图的标注

1．剖切线

指示剖切位置的线，用细点划线表示，画在剖切符号之间，可省略不画。

2．剖切符号

指示剖切面起讫和转折位置（用粗实现表示）及投射方向（用箭头表示）的符号，如图 6-48 中的箭头。

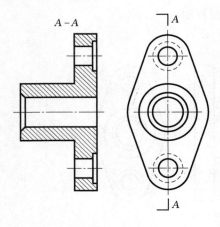

图 6-48

3．字母

在剖切符号起讫和转折处注上相同的英文字母，然后在相应剖视图上方注写相同的字母，注成"×-×"形式，以表示该剖视图的名称。如图 6-48 中的 A-A 表示剖切面是从"A"处将机件剖开后画出的剖视图。

（五）画剖视图时应注意的几个问题

（1）确定剖切面位置时一般选择所需表达的内部结构的对称面，并且平行于基本投影面。

（2）画剖视图时将机件剖开是假想的，并不是真把机件切掉一部分，因此除了剖视图之外，并不影响其他视图的完整性。

（3）剖切后，留在剖切面之后的可见部分，一般均应向投影面投射。

（4）剖视图中，凡是已经表达清楚的结构，虚线应省略不画。

（六）半剖视图的画法

（1）对机件进行形体分析。半剖视图适用于机件的内、外形状均需要表达，同时机件的形状对称或基本对称的情况。

（2）确定剖切平面的位置，如图 6-49 中的机件的剖切面位置就可以有两种不同选择。

（3）画剖视图如图 6-50 所示。

（4）画剖面符号如图 6-50 所示。

（5）标注半剖视图。如图 6-50 所示，半剖视图的标注方法与全剖视图相同。如 A-A、省略的主视图的标注。

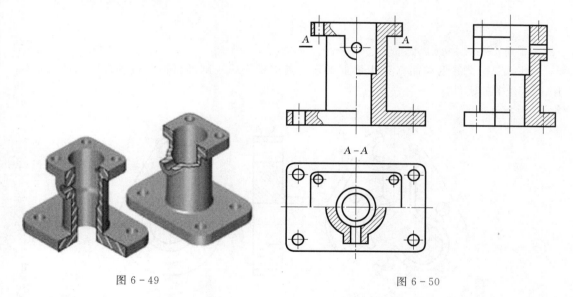

图 6-49   图 6-50

注意：

1）半剖视图中，半个外形视图和半个剖视图的分界线应画成点划线。

2）在半个外形视图中，表示内部结构的虚线一般省略不画。

3）对在半个剖视图中没有表达清楚的某些内部结构，仍应在半个外形视图中画出虚线。

机件形状接近于对称，且不对称部分已有其他的视图表达清楚时，也可以画成半剖视图。

知识延伸

剖切平面的种类

1. 单一剖切平面

仅用一个剖切面剖开机件，这种剖切方式应用较多，前面讲的都是单一剖切平面。

2. 几个平行的剖切平面

当机件上具有几种不同结构要素（如孔、槽等），而且它们的中心线排列在相互平行的平面上时，宜采用几个平行的剖切平面，例如图6-51中的机件。

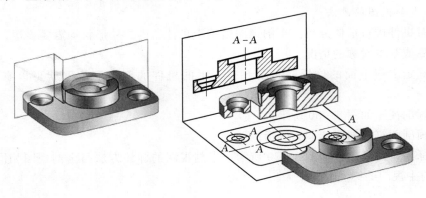

图6-51

3. 几个相交的剖切面

用几个相交的剖切面（交线垂直于某一基本投影面）剖开机件获得剖视图的情况，如图6-52中的机件。

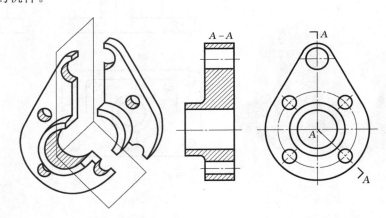

图6-52

（七）局部剖视图的画法

（1）对机件进行形体分析。通过对箱体零件的形状结构分析可以看出：顶部有一个矩形框口，底部是一块具有四个安装孔的底板，中间是个中空矩形，左下角是中空圆柱，该机件上下、左右、前后都不对称。为了使箱体的内部和外部都能表达清楚，它的视图既不宜用全剖视图表达，也不能用半剖视图表达，而局部地剖开这个箱体为好，这样既能表达清楚内部结构，又能保留部分外形。

（2）确定剖切平面的位置，如图6-53所示。

（3）画剖视图，如图6-54所示。

（4）画剖面符号，如图6-54所示。

（5）局部剖视图的标注，如图 6-54 所示。

对于剖切位置明显的局部剖视，一般可省略标注。当剖切位置不够明显时，则应进行标注，局部剖视图的标注，符合剖视图的标注规定。

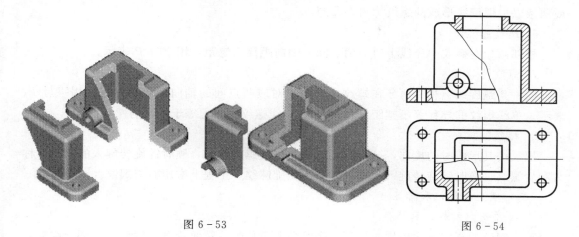

图 6-53   图 6-54

注意：

1）局部剖视图中，可用波浪线或者双折线作为剖开部分和未剖开部分的分界线。画波浪线时，不应与其他图形线重合。如遇到可见的孔、槽等空洞的结构，则不应该使波浪线穿空而过，也不允许画到外轮廓线之外。

2）当被剖切的结构为回转体时，允许将该结构的中心线作为局部剖视与视图的分界线。

3）局部剖视图是一种比较灵活的表达方法，但在一个视图中，局部剖视图的数量不宜过多，以免使图形过于破碎。

4）局部剖视图的标注，符合剖视图的标注规定。

十六、螺纹

（一）螺纹各部分的名称

1. 螺纹的牙型

通过螺纹轴线的剖面上的螺纹轮廓形状称为牙型。常用的螺纹有三角形螺纹、梯形螺纹、锯齿形螺纹。

2. 螺纹的大径

螺纹的大径是指与外螺纹的牙顶、内螺纹的牙底相重合的假想圆柱或圆锥的直径，外螺纹的大径用 d 表示，内螺纹的大径用 D 表示。大径是螺纹的公称直径。

3. 螺纹的小径

螺纹的小径是指与外螺纹的牙底、内螺纹的牙顶相重合的假想圆柱或圆锥的直径，外螺纹的大径用 d_1 表示，内螺纹的大径用 D_1 表示。

4. 螺纹的中径

在大径和小径之间，设想有一柱面（或锥面），在其轴剖面内，素线上的牙宽和槽宽相等，则该假想柱面的直径称为中径。外螺纹的大径用 d_2 表示，内螺纹的大径用 D_2

表示。

5. 螺纹的线数

形成螺纹的螺旋线的条数称为线数。沿一条螺旋线形成的螺纹称为单线螺纹。沿两条或两条以上螺旋线形成的螺纹称为多线螺纹。

6. 螺纹的螺距

相邻两牙在螺纹中径线上对应两点间的轴向距离叫螺距，用字母 P 表示。

7. 螺纹的导程

同一条螺旋线上相邻两牙在螺纹中径线上对应两点间的轴向距离叫导程，用字母 P_h 表示。单线螺纹的导程等于螺距（$P_h = P$），双线螺纹的导程等于2倍的螺距。

8. 螺纹的旋向

螺纹按其形成时的旋向，分为右旋螺纹和左旋螺纹两种，顺时针旋转旋入的螺纹，称为右旋螺纹，逆时针旋转旋入的螺纹，称为左旋螺纹，工程上常用右旋螺纹。

（二）螺纹的标记和标注

1. 普通螺纹的标记和标注

普通螺纹的规定标记由螺纹代号、螺纹公差带代号、螺纹旋合长度代号三部分组成。

螺纹代号由表示普通螺纹特征代号的字母 M 和普通螺纹的直径×螺距表示。当螺纹为左旋时要注"LH"。

螺纹公差带代号是指螺纹的中径公差和顶径（指外螺纹大径和内螺纹小径）公差代号，如果中径公差和顶径公差代号相同，则标注一个代号。螺纹的标记必须注在螺纹的大径上，如图 6-55 的 M20-5g6g-S 表示外螺纹、粗牙普通螺纹，大径为 20mm，右旋，中径公差带为 5g，顶径公差带为 6g，短旋合长度。M10×1LH-6H 表示内螺纹，细牙普通螺纹，大径为 10mm，螺距为 1mm，左旋，中径和顶径的公差带为 6H，中等旋合长度。

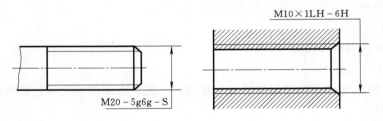

图 6-55

2. 管螺纹的标记和标注

管螺纹分为 55°非密封管螺纹和 55°密封管螺纹两种。

（1）55°非密封管螺纹的标记和标注。螺纹特征代号为大写字母 G，管螺纹的尺寸代号为管子内径（通径）"英寸"的数值，非螺纹大径。非螺纹密封的管螺纹，其内、外螺纹都是圆柱管螺纹。

外螺纹的公差等级代号为 A、B 两级。

内螺纹的公差等级只有一种，不标记。管螺纹一律标注在引出线上，引出线应由大径处引出或由对称中线处引出。如图 6-56 中的 G1/2A-LH 表示非螺纹密封的管螺纹，尺寸代号为 1/2，公差为 A 级，左旋。

（2）55°密封管螺纹的标记和标注。螺纹密封的管螺纹，只注螺纹特征代号、尺寸代号、旋向。密封管螺纹的特征代号为 R_1，表示与圆柱内螺纹相配合的圆锥外螺纹；R_2 表示与圆锥内螺纹相配合的圆锥外螺纹；R_c 表示圆锥内螺纹；R_p 表示圆柱内螺纹。管螺纹一律标注在引出线上，引出线应由大径处引出或由对称中线处引出。

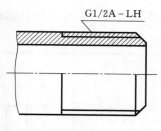

图 6 - 56

如图 6 - 57 中的 $R_1 1/2 - LH$ 表示与圆柱内螺纹相配合的圆锥外螺纹，尺寸代号为 1/2，左旋；Rc1/2 表示圆锥内螺纹，尺寸代号为 1/2；Rp1 表示圆柱内螺纹，尺寸代号为 1。

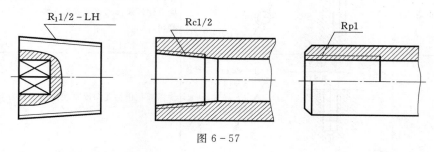

图 6 - 57

3. 梯形螺纹的标记和标注

梯形螺纹的特征代号为 Tr，只标注中径公差带代号，其他标记与标注方法与普通螺纹一样。

如图 6 - 58 中的 Tr40×14(P7)LH - 7H 表示梯形螺纹，公称直径为 40mm，双线，导程 14mm，螺距 7mm，左旋，中径公差带为 7H，中等旋合长度。

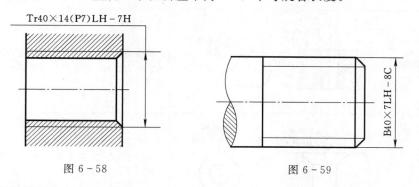

图 6 - 58   图 6 - 59

4. 锯齿形螺纹的标记和标注

锯齿形螺纹的特征代号为 B，只标注中径公差带代号，其他标记与标注方法与普通螺纹一样。

如图 6 - 59 中的 B40×7LH - 8c 表示锯齿形螺纹，公称直径为 40mm，单线，螺距 7mm，左旋，中径公差带为 8c，中等旋合长度。

十七、零件上各处常见孔的尺寸注法

阶梯孔和不通孔（盲孔）的加工方法、画法和尺寸注法（简化前）见表 6 - 4。

由于钻孔通常是用钻头加工，而钻头的端部是一个接近 120°的锥角，所以当钻阶梯孔或通孔时，在孔的阶梯处或孔的末端应画成 120°的锥台或锥坑。

表 6-4　　　　　　　　　　　　　　　零件上常见孔的尺寸注法

结构类型		尺寸标注方法	说　明
螺孔	通孔	3×M6-7H　　3×M6-7H	3×M6-7H 表示 3 个直径为 6mm，螺纹中径、顶径公差带为 7H 的螺孔
	不通孔	3×M6-7H▼10　　3×M6-7H▼10	深 10 是指螺纹孔的有效深度为 10mm，钻孔深度以保证螺纹孔的有效深度为准，也可查有关手册确定
		3×M6▼10　孔▼12　　3×M6▼10　孔▼12	需要注出钻孔深度时，应明确标注出钻孔深度尺寸
光孔	圆柱孔	4×φ4▼10　　或　　4×φ4▼10	（符号"▼"深度为 10mm 的 4 个圆销孔）
	锥销孔	锥销孔 φ4 配作　　2×锥销孔 φ3 配作	圆锥销孔所标注的尺寸是所配合的圆锥销的公称直径，而不一定是图样中所画的小径或大径
沉孔	锥形沉孔	6×φ6.5 ∨φ10×90°　　或　　6×φ6.5 ∨φ10×90°	符号"∨"为埋头孔，埋头孔的尺寸为 φ10×90°
	柱形沉孔	8×φ6.4 ⊔φ12▼4.5　　或　　8×φ6.4 ⊔φ12▼4.5	符号"⊔"表示沉孔或锪平，此处有沉孔 φ12，深 4.5mm

十八、机械加工零件的工艺结构

1. 倒角和倒圆

为了去除零件的毛刺、锐边和便于装配，在轴或孔的端部，一般都加工成倒角。

为了避免应力集中而产生裂纹，在轴肩处往往加工成圆角的过渡形式，称为倒圆。

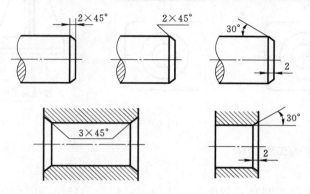

图 6−60

45°倒角：按"宽度×角度"注出或简化为 Cn 的形式，例如：C2＝2×45°（30°或 60°）倒角应分别注出角度和宽度，具体标注如图 6−60 所示。

2. 螺纹退刀槽和砂轮越程槽

在切削加工中，特别是在车削螺纹和磨削时，为了便于退出刀具或使砂轮可以稍稍越过加工面，常常在零件的待加工面的末端，先车出螺纹退刀槽或砂轮越程槽。如图 6−61 所示，标注时一般按（　　）×（　　）注出。

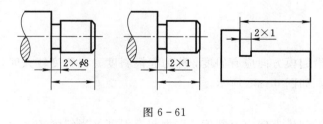

图 6−61

3. 钻孔端面

避免钻孔偏斜和钻头折断，如图 6−62 所示。

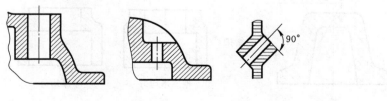

图 6−62

4. 凸台和凹坑

减少机械加工量及保证两表面接触良好，如图 6−63 所示。

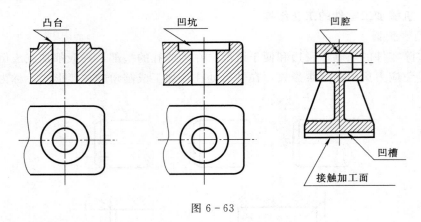

图 6-63

十九、铸造零件的工艺结构

1. 铸造圆角

铸件表面相交处应有圆角，如图 6-64 所示，以免铸件冷却时产生缩孔或裂纹，同时防止脱模时砂型落砂。

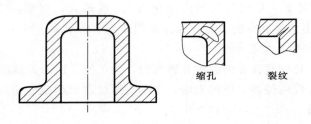

图 6-64

2. 起模斜度

铸件在内外壁沿起模方向应有斜度，称为起模斜度。当斜度较大时，应在图中表示出来，否则不予表示，如图 6-65 所示。

3. 铸件壁厚

铸件在内外壁沿起模方向应有斜度，称为起模斜度。当斜度较大时，应在图中表示出来，否则不予表示，如图 6-66 所示。

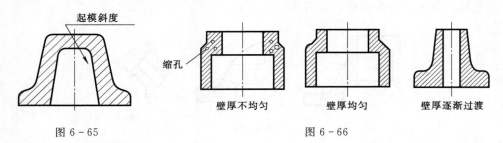

图 6-65   图 6-66

项目七 装配图的识读

任务一 试着读出"传动机构"装配图各部分的含义

任务描述

识读图 7-1 传动机构的装配图，分析装配图的主要内容，将读懂的内容写在作图区。

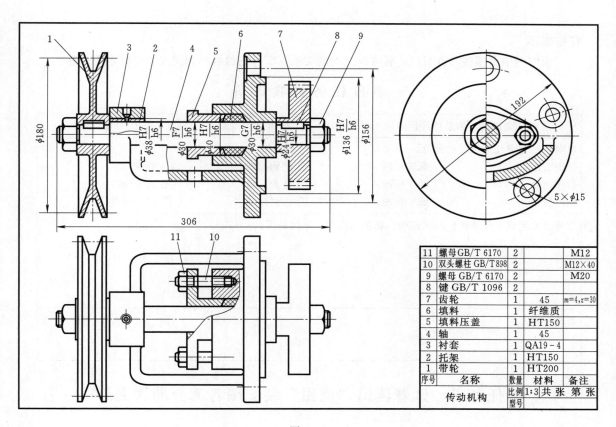

图 7-1

11	螺母GB/T 6170	2		M12
10	双头螺柱GB/T 898	2		M12×40
9	螺母GB/T 6170	2		M20
8	键GB/T 1096	2		
7	齿轮	1	45	$m=4,z=30$
6	填料	1	纤维质	
5	填料压盖	1	HT150	
4	轴	1	45	
3	衬套	1	QA19-4	
2	托架	1	HT150	
1	带轮	1	HT200	
序号	名称	数量	材料	备注
	传动机构	比例1:3 共 张 第 张 型号		

作图区：

任务提示

　　说清图中由哪些零件组成，各零件之间的关系，零件的材料、相关尺寸、技术要求等。

项 目 任 务 自 我 评 价

你对自己完成任务的总体评价并说明理由	□ 很满意	□ 满意	□ 不满意
你对自己完成任务情况的评价：			
作图方法：　　　　　□ 低于标准	□ 达到标准		□ 高于标准
作图速度：　　　　　□ 低于标准	□ 达到标准		□ 高于标准
作图质量：　　　　　□ 低于标准	□ 达到标准		□ 高于标准
你成功地完成了任务吗？如何证明？如果不成功，原因是什么？			
教师评语			

任务二　试着读出"虎钳"装配图各部分的含义

任务描述

　　识读图 7-2 虎钳的装配图：①分析装配体的基本工作原理；②分析装配图的主要内容，将读懂的内容写在作图区。

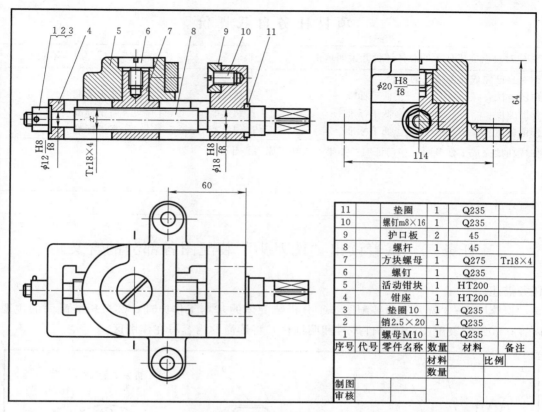

图 7 - 2

11		垫圈	1	Q235	
10		螺钉m8×16	1	Q235	
9		护口板	2	45	
8		螺杆	1	45	
7		方块螺母	1	Q275	Tr18×4
6		螺钉	1	Q235	
5		活动钳块	1	HT200	
4		钳座	1	HT200	
3		垫圈10	1	Q235	
2		销2.5×20	1	Q235	
1		螺母M10	1	Q235	
序号	代号	零件名称	数量	材料	备注
			材料		比例
			数量		
制图					
审核					

作图区：

任务提示

　　说清图中由哪些零件组成，各零件之间的关系，零件的材料、相关尺寸、技术要求等。

项 目 任 务 自 我 评 价

你对自己完成任务的总体评价并说明理由	□ 很满意	□ 满意	□ 不满意
你对自己完成任务情况的评价： 作图方法：	□ 低于标准	□ 达到标准	□ 高于标准
作图速度：	□ 低于标准	□ 达到标准	□ 高于标准
作图质量：	□ 低于标准	□ 达到标准	□ 高于标准
你成功地完成了任务吗？如何证明？如果不成功，原因是什么？			
教师评语			

任务三 试着读出"铣刀头"装配图各部分的含义

任务描述

识读图 7-3 铣刀头的装配图：①分析装配体的基本工作原理；②分析装配图的主要内容；③解释装配图的零部件序号和明细栏，将读懂的内容写在作图区。

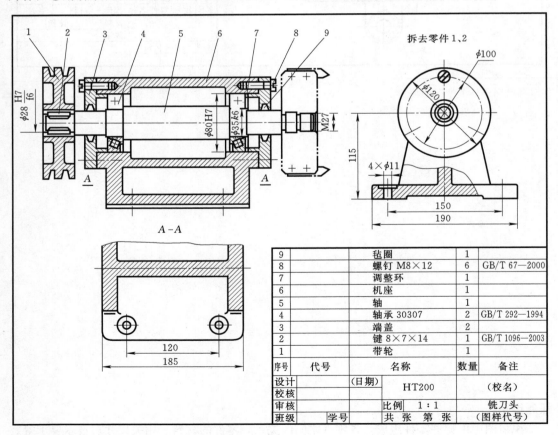

9		毡圈	1	
8		螺钉 M8×12	6	GB/T 67—2000
7		调整环	1	
6		机座	1	
5		轴	1	
4		轴承 30307	2	GB/T 292—1994
3		端盖	2	
2		键 8×7×14	1	GB/T 1096—2003
1		带轮	1	
序号	代号	名称	数量	备注
设计		(日期)	HT200	(校名)
校核				
审核		比例 1:1		铣刀头
班级	学号	共 张 第 张		(图样代号)

图 7-3

作图区：

任务提示

　　说清图中由哪些零件组成，各零件之间关系，零件的材料、相关尺寸、技术要求等。

项 目 任 务 自 我 评 价

你对自己完成任务的总体评价并说明理由	□ 很满意	□ 满意	□ 不满意
你对自己完成任务情况的评价：			
作图方法：　　　　　□ 低于标准	□ 达到标准	□ 高于标准	
作图速度：　　　　　□ 低于标准	□ 达到标准	□ 高于标准	
作图质量：　　　　　□ 低于标准	□ 达到标准	□ 高于标准	
你成功地完成了任务吗？如何证明？如果不成功，原因是什么？			
教师评语			

任务四　试着读出"滑动轴承"装配图各部分
的含义，分析各零件之间的关系

任务描述

　　由图 7 - 4 滑动轴承的装配图，分析滑动轴承的主要工作原理，写在作图区。

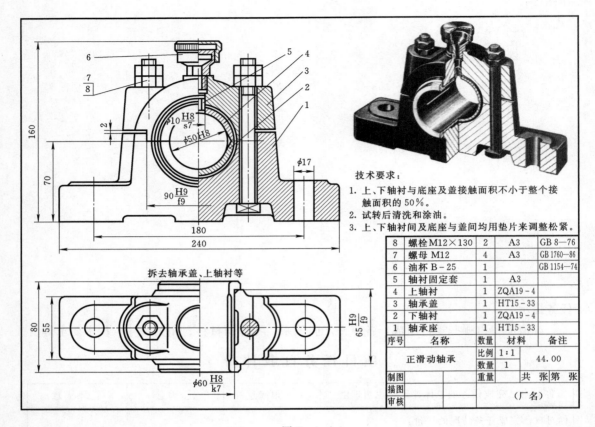

技术要求：

1. 上、下轴衬与底座及盖接触面积不小于整个接触面积的50%。
2. 试转后清洗和涂油。
3. 上、下轴衬间及底座与盖间均用垫片来调整松紧。

拆去轴承盖、上轴衬等

8	螺栓 M12×130	2	A3	GB 8—76
7	螺母 M12	4	A3	GB 1760—86
6	油杯 B-25	1		GB 1154—74
5	轴衬固定套	1	A3	
4	上轴衬	1	ZQA19-4	
3	轴承盖	1	HT15-33	
2	下轴衬	1	ZQA19-4	
1	轴承座	1	HT15-33	
序号	名称	数量	材料	备注

	正滑动轴承	比例	1:1	44.00
		数量	1	
制图		重量		共 张 第 张
描图				（厂名）
审核				

图 7 - 4

作图区：

任务提示

　　说清图中由哪些零件组成，各零件之间的关系，零件的材料、相关尺寸、技术要求等。

项 目 任 务 自 我 评 价

你对自己完成任务的总体评价并说明理由	□ 很满意	□ 满意	□ 不满意
你对自己完成任务情况的评价： 作图方法：　　□ 低于标准　　　□ 达到标准　　　□ 高于标准 作图速度：　　□ 低于标准　　　□ 达到标准　　　□ 高于标准 作图质量：　　□ 低于标准　　　□ 达到标准　　　□ 高于标准			
你成功地完成了任务吗？如何证明？如果不成功，原因是什么？			
教师评语			

任务五　试着读出"齿轮泵"装配图各部分
的含义，分析其工作原理

任务描述

　　识读图 7-5 给出的齿轮泵装配图，试着阐述其工作原理，写在作图区。

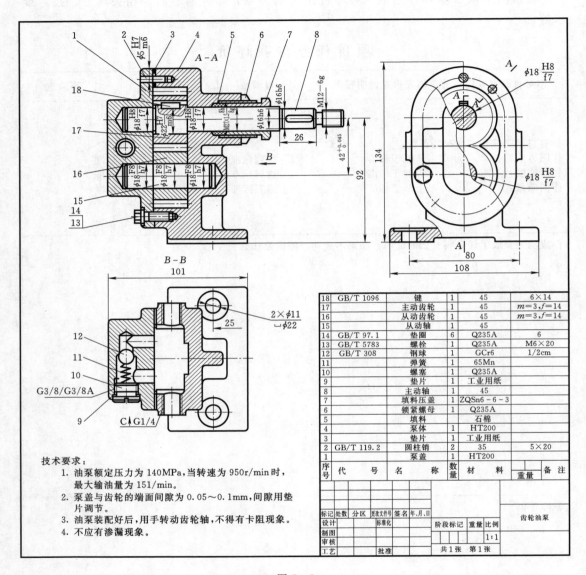

18	GB/T 1096		键	1	45	6×14
17			主动齿轮	1	45	$m=3, f=14$
16			从动齿轮	1	45	$m=3, f=14$
15			从动轴	1	45	
14	GB/T 97.1		垫圈	6	Q235A	6
13	GB/T 5783		螺栓	1	Q235A	M6×20
12	GB/T 308		钢球	1	GCr6	1/2cm
11			弹簧	1	65Mn	
10			螺塞	1	Q235A	
9			垫片	1	工业用纸	
8			主动轴	1	45	
7			填料压盖	1	ZQSn6-6-3	
6			锁紧螺母	1	Q235A	
5			填料	1	石棉	
4			泵体	1	HT200	
3			垫片	1	工业用纸	
2	GB/T 119.2		圆柱销	2	35	5×20
1			泵盖	1	HT200	
序号	代 号		名 称	数量	材 料	重量 备注

标记	处数	分区	更改文件号	签名	年、月、日				
设计			标准化					齿轮油泵
制图						阶段标记	重量	比例
审核								1:1
工艺			批准			共1张	第1张	

技术要求:

1. 油泵额定压力为 140MPa,当转速为 950r/min 时,
   最大输油量为 151/min。
2. 泵盖与齿轮的端面间隙为 0.05～0.1mm,间隙用垫
   片调节。
3. 油泵装配好后,用手转动齿轮轴,不得有卡阻现象。
4. 不应有渗漏现象。

图 7 - 5

作图区：

任务提示

　　结合三维图说清图中由哪些零件组成，各零件之间的关系，各零件的形状、材料、相关尺寸、技术要求等。阐述其工作原理从结构特点入手。

项 目 任 务 自 我 评 价

你对自己完成任务的总体评价并说明理由	□ 很满意	□ 满意	□ 不满意
你对自己完成任务情况的评价： 读图方法：　　□ 低于标准　　□ 达到标准　　□ 高于标准 读图速度：　　□ 低于标准　　□ 达到标准　　□ 高于标准 读图质量：　　□ 低于标准　　□ 达到标准　　□ 高于标准			
你成功地完成了任务吗？如何证明？如果不成功，原因是什么？			
教师评语			

相关基础知识

一、装配图及其作用

装配图是表达机器（或部件）的图样。

（1）在产品或部件的设计过程中，一般是先设计画出装配图，然后再根据装配图进行零件设计，画出零件图。

（2）在产品或部件的制造过程中，先根据零件图进行零件加工和检验，再依据装配图所制定的装配工艺规程将零件装配成机器或部件。

（3）在产品或部件的使用、维护及维修过程中，也经常要通过装配图来了解产品或部件的工作原理及构造。

因此，装配图既是制订装配工艺规程，进行装配、检验、安装及维修的技术文件，也是表达设计思想、指导生产和交流技术的重要技术文件。

二、装配图的主要内容

由球阀装配图 7-6 可以看到一张完整的装配图应具备如下内容。

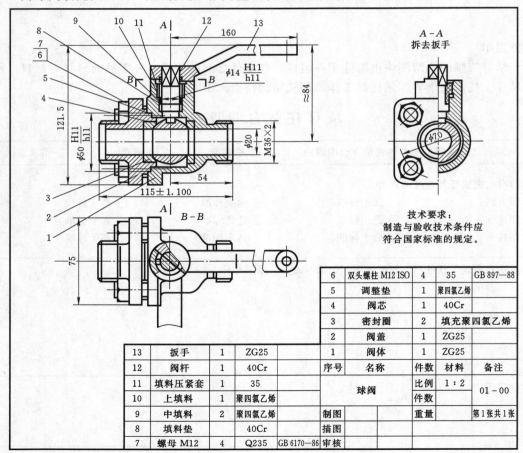

图 7-6

1. 一组图形

用适当的表达方法清楚地表达装配体的工作原理，零件之间的装配关系、连接和传动情况，以及各零件的主要结构。

2. 必要尺寸

装配图上只要注明装配体的规格（性能）、总体大小，各零件的装配关系。安装、检验等的尺寸。

3. 技术要求

装配图上只需标注标记、代号，指明该装配体在装配、检验、调试、运输和安装等方面所需达到的技术要求。

4. 零件序号、标题栏、明细栏

标题栏在图纸的右下角，装配体的名称、图号、比例和责任者签名等，明细栏沿标题栏向上画出，填写各零件的序号、名称、材料、数量，标准件的规格和代号，及零件热处理要求等。

三、装配图的规定画法

（一）规定画法

在装配图中，为了便于区分不同的零件，正确地表达出各零件之间的关系，在画法上有以下规定。

1. 接触面和配合面的画法

相邻两零件的接触表面和基本尺寸相同的两配合表面只画一条线；基本尺寸不同的非配合表面，即使间隙很小，也必须画成两条线，如图7-7所示。

2. 剖面线的画法

图 7-7

同一个零件在所有的剖视图、断面图中，其剖面线应保持同一方向，且间隔一致。相邻两零件的剖面线则必须不同。即：使其方向相反，或间隔不同，或互相错开，如图7-8所示。

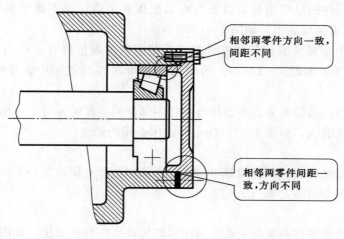

图 7-8

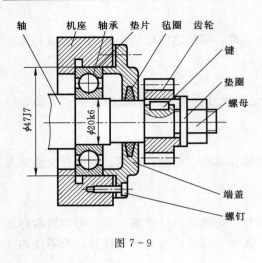

图 7-9

3. 实心件和某些标准件的画法

当剖切平面通过实心零件（如轴、杆等）和标准件（如螺栓、螺母、销、键等）的基本轴线时，剖视图中零件按不剖绘制；当剖切平面垂直于其轴线剖切时，则需画出剖面线，如图 7-9 所示。

（二）特殊画法

1. 拆卸画法或沿结合面剖切

在装配图的某一视图中，为表达一些重要零件的内、外部形状，可假想拆去一个或几个零件（或沿接合面剖切）后再绘制视图，如图 7-10 所示。

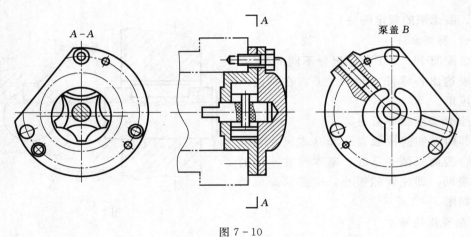

图 7-10

2. 假想画法

运动零（部）件的极限位置，以及与本装配体有关联，但不属于本装配体的相邻零（部）件，可用双点画线表示，如图 7-11 所示。

（1）装配图中当需要表示某些零件的运动范围和极限位置时，可用双点划线画出这些零件的极限位置。如图 7-11（a）所示的三星齿轮传动机构中扳手的运动极限位置画法。

（2）装配图中，当需要表达本部件与相邻零部件的装配关系时，可用双点划线画出相邻零部件的部分轮廓线，如图 7-11（b）所示床头箱的画法。

3. 夸大画法

薄片零件、细丝弹簧、小间隙等可将其夸大画出。即允许该部分不按原作图比例而适当加大，以便使图形清晰，如图 7-12 所示。

4. 展开画法

为表示齿轮传动顺序和装配关系，可按齿轮传动顺序展开画出，如图 7-13 所示。

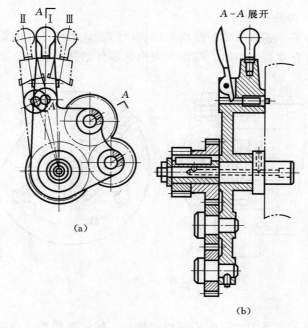

图 7 - 11

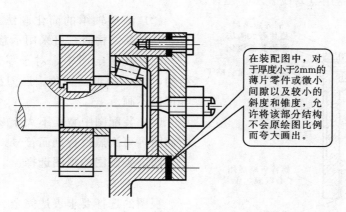

在装配图中，对
于厚度小于2mm的
薄片零件或微小
间隙以及较小的
斜度和锥度，允
许将该部分结构
不会原绘图比例
而夸大画出。

图 7 - 12

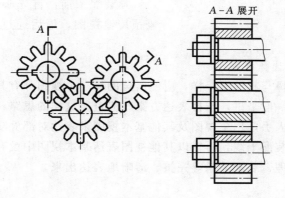

图 7 - 13

175

5. 单独画出零件的某一视图

在装配图中，当某个零件的主要结构未能表示清楚，而该零件的形状对部件的工作原理和装配关系的理解有重要作用时，可单独画出该零件的某一视图，如图 7-14 所示。

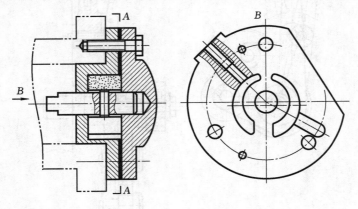

图 7-14

（三）简化画法

（1）在装配图中，对若干相同的零件组如螺栓、螺钉连接等，可以仅详细地画出一处或几处，其余只需用点划线表示其位置。

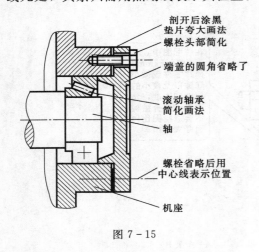

图 7-15

（2）滚动轴承的简化画法。滚动轴承只需表达其主要结构时，可采用示意画法。

（3）在装配图中，对于零件上的一些工艺结构，如小圆角、倒角、退刀槽和砂轮越程槽等可以不画。

（4）装配图中宽度不大于 2mm 的剖视图或断面图，可涂黑代替剖面符号。

四、装配图的视图选择

1. 视图的选择要求

视图的选择要求表达完全、正确、清楚。

2. 视图选择的步骤和方法

画装配图前，首先必须选好主视图，同时兼顾其他视图，最后通过综合分析对比，确定一组图形表达方案。

3. 装配体的视图选择原则

装配图的视图选择与零件图一样，应使所选的每一个视图都有其表达的重点内容，具有独立存在的意义。一般来讲，选择表达方案时应遵循这样的思路：以装配体的工作原理为线索，从装配干线入手，用主视图及其他基本视图来表达对部件功能起决定作用的主要装配干线，兼顾次要装配干线，再辅以其他视图表达基本视图中没有表达清楚的部分，最后把装配体的工作原理、装配关系等完整、清晰地表达出来。

4．主视图的选择

（1）符合部件的工作状态。

（2）能较清楚地表达部件的工作原理、主要的装配关系或其结构特征。

如图 7-16（a）中轴承座的主视图按照图 7-16（b）布置较为合理。

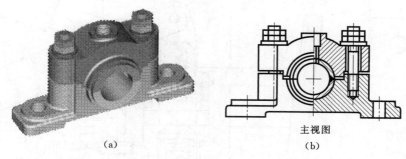

（a）　　　　　主视图
　　　　　　　　（b）

图 7-16

5．其他视图的选择

主视图确定之后，若还有带全局性的装配关系、工作原理及主要零件的主要结构还未表达清楚，应选择其他基本视图来表达。

基本视图确定后，若装配体上还有一些局部的外部或内部结构需要表达时，可灵活地选用局部视图、局部剖视或断面等来补充表达。

6．注意事项

在决定装配体的表达方案时，还应注意以下问题：

（1）应从装配体的全局出发，综合进行考虑。特别是一些复杂的装配体，可能有多种表达方案，应通过比较择优选用。

（2）设计过程中绘制的装配图应详细一些，以便为零件设计提供结构方面的依据。指导装配工作的装配图，则可简略一些，重点在于表达每种零件在装配体中的位置。

（3）装配图中，装配体的内外结构应以基本视图来表达，而不应以过多的局部视图来表达，以免图形支离破碎，看图时不易形成整体概念。

（4）当视图需要剖开绘制时，一般应从各条装配干线的对称面或轴线处剖开。同一视图中不宜采用过多的局部剖视，以免使装配体的内外结构表达不完整。

（5）装配体上对于其工作原理、装配结构、定位安装等方面没有影响的次要结构，可不必在装配图中一一表达清楚，可留待零件设计时由设计人员自定。

五、装配图的尺寸

装配图的作用与零件图不同，因此，在图上标注尺寸的要求也不同。在装配图上应该按照对装配体的设计或生产的要求来标注某些必要的尺寸。如图 7-19 所示，一般常注的有下列几方面的尺寸。

1．规格和性能尺寸

表示机器和部件的规格和性能尺寸，是设计和选用产品时的主要依据。

2．装配尺寸

（1）配合尺寸：表示两零件间配合性质的尺寸。

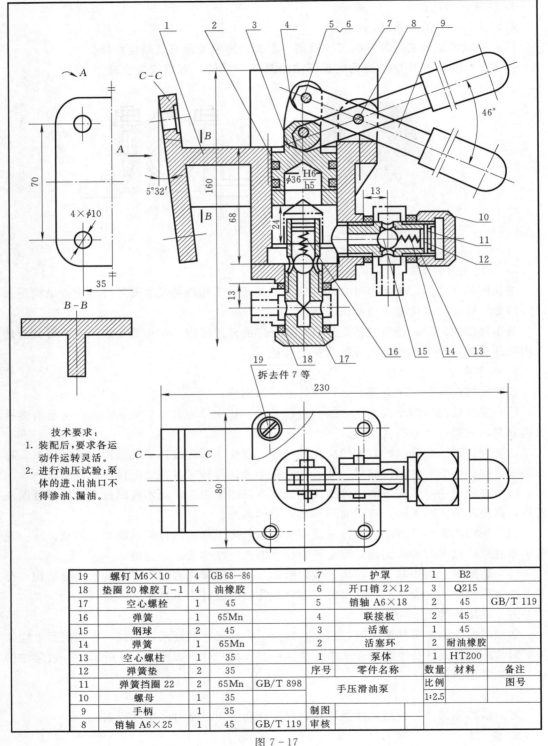

技术要求:
1. 装配后,要求各运动件运转灵活。
2. 进行油压试验;泵体的进、出油口不得渗油、漏油。

拆去件 7 等

19	螺钉 M6×10	4	GB 68—86		7	护罩	1	B2	
18	垫圈 20 橡胶Ⅰ-1	4	油橡胶		6	开口销 2×12	3	Q215	
17	空心螺栓	1	45		5	销轴 A6×18	2	45	GB/T 119
16	弹簧	1	65Mn		4	联接板	2	45	
15	钢球	2	45		3	活塞	1	45	
14	弹簧	1	65Mn		2	活塞环	2	耐油橡胶	
13	空心螺柱	1	35		1	泵体	1	HT200	
12	弹簧垫	2	35		序号	零件名称	数量	材料	备注
11	弹簧挡圈 22	2	65Mn	GB/T 898		手压滑油泵	比例		图号
10	螺母	1	35				1:2.5		
9	手柄	1	35		制图				
8	销轴 A6×25	1	45	GB/T 119	审核				

图 7-17

（2）相对位置尺寸：表示设计和装配机器时，需要保证的零件间较重要的相对位置尺寸。

3. 安装尺寸

机器和部件安装在基座上或与其他部件相连接时所需要的尺寸。

4. 总体尺寸

表示机器或部件外形的总长、总高、总宽的尺寸。它反映了装配体的大小，提供了装配体在包装、运输和安装过程中所占的空间尺寸。

5. 其他重要尺寸

设计过程中经计算或选定的重要尺寸，及必须保证的尺寸。如运动件的极限尺寸、主体零件的重要尺寸等。

六、装配图的零部件序号和明细栏

（一）装配图的零部件序号

1. 序号的编排形式

（1）将装配图上所有的零件，包括标准件和专用件一起，依次统一编排序号。

（2）将装配图上所有的标准件的标记直接注写在图形中的指引线上，而将专用件按顺序进行编号。

2. 序号的编排方法

（1）序号应编注在视图周围，按顺时针或逆时针方向顺次排列，在水平和铅垂方向应排列整齐。

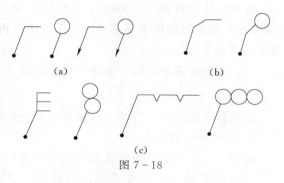

图 7-18

（2）如图 7-18 所示，零件序号和所指零件之间用指引线连接，注写序号的指引线应自零件的可见轮廓线内引出，末端画一圆点；若所指的零件很薄或涂黑的剖面不宜画圆点时，可在指引线末端画出箭头，并指向该零件的轮廓。

（3）指引线相互不能相交，如图 7-19（a）的标注错误，图 7-19（b）正确，不能与零件的剖面线平行。一般指引线应画成直线，必要时允许曲折一次。

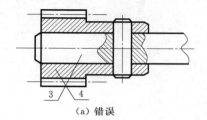
（a）错误

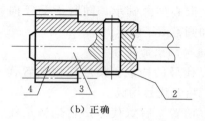
（b）正确

图 7-19

（4）对于一组紧固件以及装配关系清楚的零件组，允许采用公共指引线。

（5）每一种零（部）件（无论件数多少），一般只编一个序号，必要时多处出现的相同零（部）件允许重复标注。

（二）零件明细栏的编制

零件明细栏一般放在标题栏上方，并与标题栏对齐。如图7-20所示，填写序号时应由下向上排列，这样便于补充编排序号时被遗漏的零件。当标题栏上方位置不够时，可在标题栏左方继续列表由下向上接排。

2				
1				
序号	名称	数量	材料	备注
（图名）		比例		（图号）
		件数		
制图	（日期）	重量		共　张　第　张
校对	（日期）	（校名）		
审核	（日期）			

图 7-20

（三）装配图中的技术要求

各类不同的机器（或部件），其性能不同，技术要求也各不相同。因此，在拟定机器（或部件）装配图的技术要求时，应作具体分析。在零件图已经注明的技术要求，装配图中不再重复标注。

七、滚动轴承的结构、分类、代号及画法

1. 滚动轴承的结构

滚动轴承由内圈、外圈、滚动体、保持架四部分组成，如图7-21所示。

2. 滚动轴承的分类

如图7-22所示，按其承载特性可分为：

（1）向心轴承。主要承受径向载荷，如深沟球轴承。

（2）推力轴承。主要承受轴向载荷，如推力球轴承。

（3）向心推力轴承。同时承受径向和轴向载荷，如圆锥滚子轴承。

3. 滚动轴承的代号

（1）代号的构成。按顺序由前置代号、基本代号、后置代号构成。

（2）前置、后置代号。它是轴承在结构形状、尺寸、公差、技术要求等有改变时，在其基本代号左右添加的补充说明。

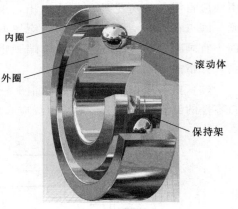

图 7-21

（3）基本代号。基本代号由轴承类型代号、尺寸系列代号和内径代号构成。它通常用4位数字表示，如：6206中06就是内径代号（$d=30\text{mm}$）。

（a）向心轴承 （b）推力轴承 （c）向心推力轴承

图 7-22

4. 滚动轴承的画法

滚动轴承是标准件，有简化画法和规定画法两种，见表 7-1。

表 7-1　　　　　　　　　　　　滚动轴承的简化画法和规定画法

类型名称和标准号	简化画法		规定画法
	通用画法	特征画法	
深沟球轴承 GB/T 276—1994			
圆锥滚子轴承 GB/T 297—1994			
推力球轴承 GB/T 301—1995			

181

主要参数：d（内径）、D（外径）、B（宽度），d、D、B 根据轴承代号在画图前查标准确定。

八、螺纹紧固件及其连接形式

绘制螺纹紧固件时，各部分的尺寸均与公称直径 d 建立了一定的比例关系，按这些比例关系作图，称为比例画法。

常用螺纹紧固件有螺栓、螺母、垫圈、螺柱、螺钉等。

（一）螺母

螺母比例画法如图 7-23 所示，d 为配合螺栓的公称直径，$H=0.8d$，$D_1=2.2d$，$R=1.5d$，$R_1=d$，S、r 由作图得出。

常用螺纹紧固件的连接形式有螺栓连接、螺柱连接和螺钉连接三种，如图 7-24 所示。

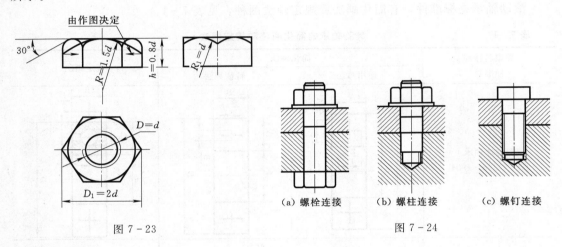

图 7-23

(a) 螺栓连接　　(b) 螺柱连接　　(c) 螺钉连接

图 7-24

适用范围

（1）螺栓连接。螺栓连接适用于连接两个不太厚的零件和需要经常拆卸的场合。

（2）双头螺柱连接。双头螺柱连接多用于被连接件之一太厚，不适于钻成通孔的场合。

（3）螺钉连接。螺钉连接适用于受力不大的零件间的连接。

（二）螺栓连接画法

螺栓连接适用于连接两个不太厚的零件和需要经常拆卸的场合。比例法是指为方便画图，螺纹紧固件的各部分尺寸，除了公称长度需要计算、查表外，其余均以螺纹大径 d（或 D）作参数按一定比例作图的方法。

作图步骤如下：

第一步：画两个被连接件（图 7-25）。

注意事项：

1）被连接件的光孔直径应比螺纹大径大些，一般按 $1.1d$ 画。

2）在剖视图中，相邻零件的剖面线必须以不同的方向或间隔画出。同一零件的剖面线画法应一致。

3）两个被连接件零件的接触面只画一条线，两个零件相邻但不接触，仍画成两条线。

第二步：画螺栓（图7-26）。

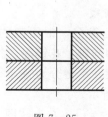

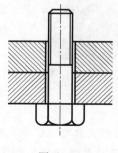

图7-25　　　　　　　　　　　图7-26

注意事项：

1）两个被连接件零件的接触面只画一条线，两个零件相邻但不接触，仍画成两条线。

2）在装配图中，当剖切平面通过螺纹紧固件的轴线时均按未剖绘制。

3）螺纹的有效长度应画得低于光孔顶面。

第三步：画垫圈（图7-27）。

注意事项：

1）被连接件的光孔直径应比螺纹大径大些，一般按 $1.1d$ 画。

2）两个被连接件零件的接触面只画一条线，两个零件相邻但不接触，仍画成两条线。

3）在装配图中，当剖切平面通过螺纹紧固件的轴线时均按未剖绘制。

第四步：画螺母（图7-28）。

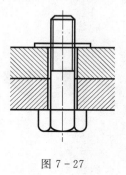

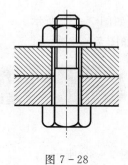

图7-27　　　　　　　　　　　图7-28

注意事项：

1）两个被连接件零件的接触面只画一条线，两个零件相邻但不接触，仍画成两条线。

2）在装配图中，当剖切平面通过螺纹紧固件的轴线时均按未剖绘制。

九、键连接类型、标记

（一）键的类型

1. 键连接的意义

为了把轴和齿轮装在一起而使其同时转动，通常在齿轮和轴的表面上加工出键槽，然后把键放入轴的键槽内，再将带键的轴装入轮孔中，这种连接称键连接（见图7-29）。

2. 键连接的作用

键是标准件，键连接装配中，键是用来连接轴上零件并对它们起周上固定作用，以达

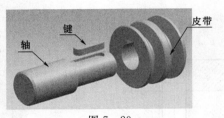

图 7 - 29

到传递扭矩的一种机械零件，键的功能是实现轴与轮毂之间的周向固定以传递转矩，实现轴上零件的轴向固定，实现轴上零件的轴向滑动的导向等。

3. 键的种类

键的种类很多，常用键的形式有平键、半圆键、楔键和切向键、花键等，其中平键最为常用。

（1）平键。平键分为普通平键和导向平键，其中普通平键又分为 A 型、B 型、C 型，如图 7 - 30 所示。

1）普通平键。普通平键又分为圆头〔图 7 - 30 （a）〕、方头〔图 7 - 30 （b）〕和半圆头〔图 7 - 30 （c）〕。其中：圆头平键最常用，其键顶上侧面与毂不接触有间隙；方头平键常用螺钉固定；半圆头平键为端铣刀加工，用于轴端与轮毂的连接。

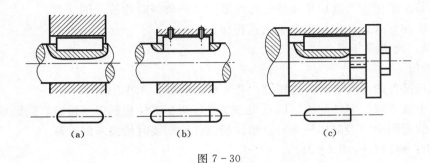

(a)　　　　　　　　(b)　　　　　　　　(c)

图 7 - 30

2）导向平键。如图 7 - 31 所示。

（2）半圆键。如图 7 - 32 所示。

图 7 - 31　　　　　　　　　　　图 7 - 32

（3）楔键。如图 7 - 33 所示。

（4）花键。如图 7 - 34 所示。

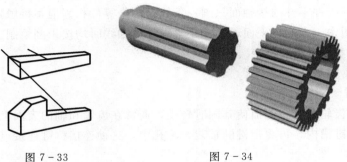

图 7 - 33　　　　　　　　　图 7 - 34

（二）键连接的类型

键连接的主要类型有平键连接、半圆键连接、钩头楔键连接、切向键连接、花键连接。

平键连接分为普通平键连接和导向平键连接。

1. 普通平键连接（图7-35）

优点：结构简单、装拆方便、对中性较好等。

缺点：这种键连接不能承受轴向力，因而对轴上的零件不能起到轴向固定的作用。

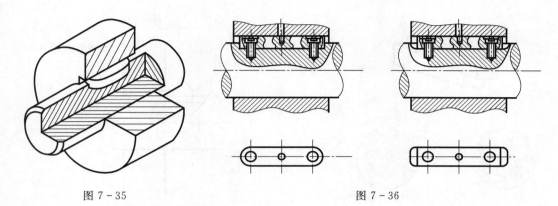

图 7-35   图 7-36

2. 导向平键连接（图7-36）

用于动连接，即轴与轮毂之间有相对轴向移动的连接。

优点：装拆方便，两侧面为工作面，对中性好，作用可靠，多用于高精度连接。

缺点：只能圆周固定，不能承受轴向力。主要用于变速箱中滑移齿轮的连接。

3. 半圆键连接（图7-37）

轴上键用尺寸与半圆键相同的半圆键槽铣刀铣出，因而键在槽中能绕其几何中心摆动以适应轮毂中键槽的斜度。半圆键工作时，靠其侧面来传递转矩。

优点：工艺性较好，装配方便，尤其适用于锥形轴端与轮毂的连接。

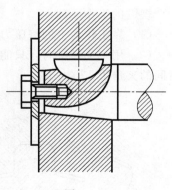

图 7-37

缺点：轴上键槽较深，对轴的强度削弱较大，故一般只用于轻载静连接中。

4. 楔键连接（图7-38）

楔键连接分为普通楔键连接和钩头斜键连接。

楔键连接的特点：

（1）对轮毂起到单向的轴向固定作用。

（2）楔键连接在传递有冲击和振动的较大转矩时，仍能保证连接的可靠性。

缺点：楔紧后，轴与轮毂的配合产生偏心和偏斜，因此主要用于毂类零件的定心精度

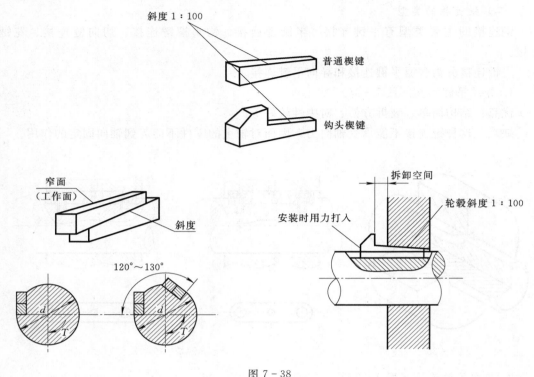

图 7 - 38

要求不高和低转速的场合。

楔键的工作原理：

（1）靠工作面上的挤压力和轴与轮毂间的摩擦力来传递转矩。

（2）用一个楔键时，只能传递单向转矩；当要传递双向转矩时，必须用两个楔键，两者间的夹角为 $120°\sim130°$。

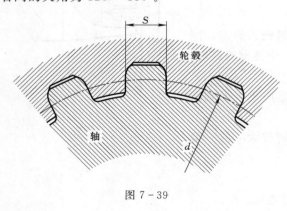

图 7 - 39

特点：由于楔键对轴的削弱较大，因此常用于直径大于 100mm 的轴上。

5. 花键连接（图 7 - 39）

花键连接是由轴和轮毂孔上的多个键齿和键槽组成，如图 7 - 39 所示。键齿侧面是工作面，靠键齿侧面的挤压来传递转矩。花键连接具有较高的承载能力，定心精度高，导向性能好，可实现静连接或动连接。因此，在飞机、汽车、拖拉机、机床和农业机械中得到广泛的应用。花键连接已标准化，按齿形不同，分为矩形花键、渐开线花键两种。

（1）矩形花键连接。如图 7 - 40 所示，为适应不同载荷情况，矩形花键按齿高的不同，在标准中规定了两个尺寸系列：轻系列和中系列。轻系列多用于轻载连接或静连接；

中系列多用于中载连接。矩形花键连接的定心方式为小径定心。此时轴、孔的花键定心面均可进行磨削，定心精度高。

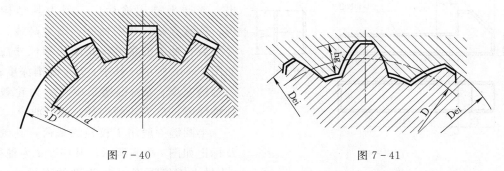

图 7-40　　　　　　　　　　　　　　图 7-41

（2）渐开线花键连接。如图 7-41 所示，渐开线花键的齿形为渐开线，其分度圆压力角规定了 30°和 45°两种。渐开线花键可以用加工齿轮的方法来加工，工艺性较好，制造精度较高，齿根部较厚，键齿强度高，当传递的转矩较大及轴径也较大时，宜采用渐开线花键连接。压力角为 45°的渐开线花键由于键齿数多而细小，故适用于轻载和直径较小的静连接，特别适用于薄壁零件的连接。渐开线花键连接的定心方式为齿形定心。由于各齿面径向力的作用，可使连接自动定心，有利于各齿受载均匀。

（三）键的标记

键是标准件，在图样中应按国家标准的规定作出标记。

1. 普通平键的标记

普通平键分为 A、B 和 C 型，三种普通平键的标记方法类似。普通平键的标记形式：键型式 $b \times L$ GB 1096—79。其中：A 型不标型式，b 为键宽，L 为键的长度，如图 7-42 所示为 A 型普通平键，其标记为：键 8×25 GB 1096—79。

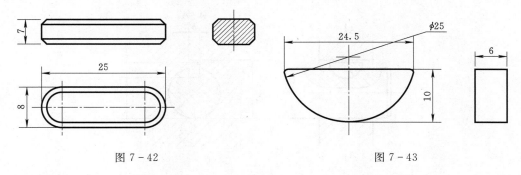

图 7-42　　　　　　　　　　　　　　图 7-43

2. 半圆键的标记

半圆键的标记形式：键 $b \times L$ GB 1099—79。其中：b 为键宽，L 为键长。如图 7-43 所示键的标记为：键 6×24.5　GB 1099—79。

3. 钩头楔键的标记

钩头楔键的标记形式：键 $b \times L$ GB 1565—79，如图 7-44 所示键的标记为：键 18×100 GB 1565—79。

（四）键连接的画法

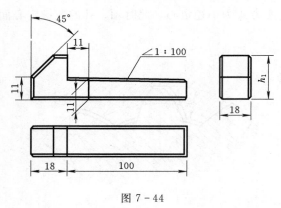

图 7-44

键槽的画法及尺寸标注轴上的键槽用铣刀铣出，轮毂上的键槽一般用插刀插出。普通平键用途最广，因为其结构简单，拆装方便，对中性好，适合高速、承受变载、冲击的场合，其画法和尺寸注法如图 7-45 所示，其中：t 为键槽深度；b 为键槽宽度；l 为键槽长度；t_1 为轮毂上键槽深度；D 为轮毂内径；d 为轴径。

半圆键一般用于较轻的载荷，其画法及标记如图 7-46 所示，其中：d 为轴径；t 为轴上键槽深度；d_1 为键的直径；t_1 为轮毂上键槽深度；b 为键宽。

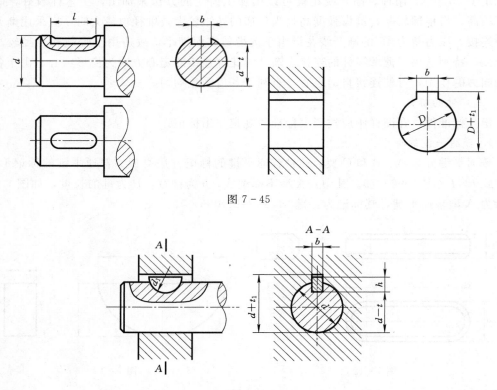

图 7-45

图 7-46

钩头楔键用于精度不高、转速较低时传递较大的、双向的或有振动的扭矩，用于拆卸时不能从另一端将键打出的场合。其画法及标记如图 7-47 所示，其中：b 为键槽（轮毂）宽度；h 为高度；t 为平台（轴）深度；t_1 为键槽（轮毂）深度；d 为轴径。

注意：如图 7-48 所示，用普通平键连接时，键的两侧面是工作表面，因此画装配图时，键的两侧面和下底面都应和轴上、轮上的键槽的相应表面接触，而键的上底面和轮上的键槽底面应留有间隙。此外，在剖视图中，当剖切平面通过键的纵向对称平面时，键按

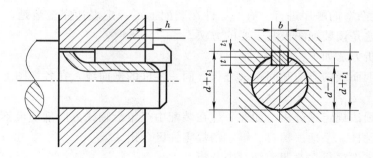

图 7 – 47

不剖绘制；当剖切平面垂直于轴线剖切键时，被剖切的键应画出剖面线。

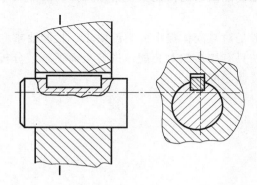

图 7 – 48

十、识读装配图的方法和步骤

（一）读装配图的要求

从主视图入手，联系其他视图分析各视图之间的投影关系，构建出零件的形状。运用形体分析法和结构分析法读懂零件各部分的结构，构想零件形状。螺纹轴零件上的键槽、销孔等结构，通常使用移除断面图、局部视图、局部剖视图、局部放大图等表达方案。

（二）识读装配图的步骤和方法

1. 概括了解

（1）了解标题栏。从标题栏可了解到装配体名称、比例和大致的用途。

（2）了解明细栏。从明细栏可了解到标准件和专用件的名称、数量以及专用件的材料、热处理等要求。

（3）初步识读装配图。分析表达方法和各视图间的关系，弄清各视图的表达重点。

2. 了解工作原理和装配关系

在一般了解的基础上，结合有关说明书仔细分析机器（或部件）的工作原理和装配关系，这是读装配图的一个重要环节，分析各装配干线，弄清零件相互的配合、定位、连接方式。此外，对运动零件的润滑、密封形式等也要有所了解。

3. 分析视图并读懂零件的结构形式

分析视图，了解各视图、剖视图、断面图等的投影关系及表达意图。了解各零件的主要作用，帮助读懂零件结构。分析零件时，应从主要视图中的主要零件开始分析，可按

"先简单，后复杂"的顺序进行。有些零件在装配上不一定表达完全清楚，可配合零件图来读装配图。这是读装配图极其重要的方法。

常用的分析方法如下：

（1）利用剖面线的方向和间距来分析。同一零件的剖面线，在各视图上方向一致、间距相等。

（2）利用画法规定来分析。如实心件在装配中规定沿轴线方向剖切可不画剖面线，据此能很快地将丝杠、手柄、螺钉、键、销等零件区分出来。

（3）利用零件序号，对照明细栏来分析。

4. 分析尺寸和技术要求

（1）分析尺寸。找出装配图中的性能（规格）尺寸、装配尺寸、安装尺寸、总体尺寸和其他重要尺寸。

（2）技术要求。一般是对装配体提出的装配要求、检验要求和使用要求等。

综上所述，看装配图只有按步骤对装配体进行全面了解、分析和总结全部资料，认真归纳，才能准确无误地读懂装配体。